基礎物理学実験

＜第8版＞

山口大学 共通教育
「物理学実験」テキスト編集グループ

東京教学社

まえがき

１．物理とは

　物理という言葉は物（もの）の理（ことわり）という2文字からなっています．その意味は，自然界における事物（現象や存在）が従う法則や原理ということであり，物理学とはそれらの事物や法則について理解を極める学問である，といってよいでしょう．

　そのためには，自然現象の観察や実験が欠かせません．自然現象を観察し実験してそこから何かを学びとることをしなければ，自然について何も理解することはできないでしょう．また，単なる観察・測定の記録に終わるのではなく，そこに何らかの法則を見出してその法則を異なった場面で利用することによって，自然に対する深い理解が生まれます．

　歴史を振り返ってみましょう．古代ギリシャのアリストテレスは自然を観察することに基づいて自然の成り立ちについて考えたはじめての人でした．16世紀から17世紀にかけて，ガリレオ・ガリレイは物体の落下を実験し，自由落下する物体の速度は質量に依存しない，という法則を見出しました．ここではじめて，単なる自然の観察ではない，人間によってよく制御された環境下での現象の観察，すなわち実験が登場します．ガリレオ・ガリレイが発見した法則，ケプラーが天体の運動を観察して見出した法則，これらは17世紀後半に，ニュートンによって力学の法則としてまとめ上げられました．そして18世紀，19世紀を通じて古典的な物理学は次第に完成され，20世紀には量子論と相対論という新たな枠組みが誕生し，物理学は急速に発展してきました．

２．物理学の実験

　物理学の発展の過程には，必ず実験がありました．さまざまな実験と観察によって自然界における事物のありようが明らかにされ，それを説明するための法則や理論がいくつも試されました．どれほど素晴らしく思われる理論であっても，実験によって示される自然界の姿に合わなければ，それは捨て去られてきたのです．逆に，実験によって確かめられた理論は，さまざまな場面で応用され，科学技術として確立されてきました．現代の社会と文明が科学技術の恩恵にあずかっていることはいうまでもないでしょう．

　本書「基礎物理学実験」では，歴史的に大きな意義のある物理学の実験，あるいは物理学の基礎として重要な意味を持つ実験を，現代風にアレンジして皆さんに行ってもらうことを前提にしています．現代の物理学を築くために先人が行ったさまざまな実験を追体験し，物理学が教科書上の単なる理論ではなく実験に基づいたものであることを学び，そして実験によって自然を理解する物理学の方法を習得していただきたいと願っています．

３．実験の精度

　実験を行う時に，ぜひ注意してほしいことがあります．それは実験の精度を高める努力をすることです．物理学の発展とともに実験の技術も発展しました．動く，伸びる，温まる，といった定性的な記述から，それを数値で表し，確からしさ（精度）を明確にし，そして精度を極限まで高めることが，物理学の発展を促したのです．実験を行う時には，できる限り高精度の結果が得られるよう，工夫してく

ださい.

4．この実験では

各実験を簡単に紹介します.

A．重力加速度の測定（ボルダ振子による測定）

ガリレオ・ガリレイの振り子の等時性を利用した重力加速度 g の測定です. 単純な装置ですが，きわめて高精度な測定ができます.

B．ヤング率の測定（たわみの方法）

物体に力を加えて変形させてその硬さを測定し，材料によって値が異なることを調べます. わずかな変形を測定するために光学てこを用います.

C．表面張力の測定（ジョリーのばね秤による方法）

液体はその表面を小さくしようとする性質を持ち，それは張力として現れます. 液体表面に円環を接して液体を持ち上げ，そのようすから表面張力を測定します.

D．熱の仕事当量の測定

電流のエネルギーは熱に転換することができます. 電気による仕事と熱量との換算係数（仕事当量）を求めます.

E．線膨張率の測定

物体は温度を上げると，わずかに膨張します. これを実験によって測定し，膨張の大きさが物質によることを調べます. 膨張によるわずかな変位を光学てこにより拡大して測定します.

F．交流の周波数の測定

導線を流れる交流電流は磁場によって力を受け，導線は振動します. 導線の共鳴振動を測定することで，交流電流の振動数という目に見えないものを測定することができます.

G．導線とサーミスタの電気抵抗の温度依存性

物質の電気抵抗は温度によって大きく変化します. しかも温度が高くなると抵抗が高くなるもの，低くなるものがあります. 実験によってこれを調べます.

H．ダイオードとトランジスタの特性

20 世紀に構築された量子力学，その応用の代表例であるエレクトロニクス（電子工学）の例として，ダイオードとトランジスタを用いた実験を行い，それらの特性を調べます.

I．オシロスコープによる波形観測

オシロスコープはいろいろな実験に用いられる測定装置の1つです. この実験では交流およびその整流回路の電圧測定，あるいはコンデンサーと抵抗の回路で緩和現象を観測することを通じて，オシロスコープの使い方を学びます.

J．電子の比電荷（e / m）の測定

自然界を構成する素粒子のひとつである電子は，電荷（$-e$）と質量（m）を持っています. その比率（e / m）の測定は電子だけでなくいろいろな荷電粒子の性質を解明する上で重要な実験です.

K．回折格子による光の波長の測定

物質から出てくる光の波長を調べることは，そのミクロな性質を調べるうえで重要な手がかりとなります．回折格子を使って光の波長を精密に測定します．

L．プリズムの屈折率の測定

光の屈折率は物質によって異なります．三角プリズムを使って材質であるガラスの屈折率を精密に測定します．

M．ニュートンリングの実験

光が波の性質を持つことを干渉現象によって調べます．干渉を使って液体の屈折率を精密に測定できます．

５．テキストの活用

最初，本書を読んだだけでは，内容をよく理解できないかもしれません．その時は 2 度 3 度と読んで理解を試み，実験を通じてよく考え，そしてもう 1 度本書（そして他の参考書）の助けを借りれば，最後にはその実験を十分に理解し，よいレポートを作成できるでしょう．最初の努力が肝心です．実験をする前に必ず予習をしてください．

〜 高校で物理を履修しなかった学生の皆さんへ 〜

履修してきた人に対するハンディはあまりありません．最初は内容の理解に戸惑うかもしれませんが，履修者であっても実験の経験がない人は，やはり戸惑いを感じるようです．本書をよく読み，最善の努力をすれば，この実験は間違いなく有意義なものとなるでしょう．わからない人は遠慮なく担当者に聞いてください．

〜 高校で物理を履修した学生の皆さんへ 〜

これまで授業で習ったこと，単なる知識として知っていることを，実験によって確かめ，物理学の生き生きとした姿を感じてほしいと思います．

2023 年 4 月　著者一同

主な変更点

　今回の第 8 版では，学生が実験手順として誤りやすい箇所について補足を加えるとともに，装置の大幅な入れ替えを行った項目について実験方法や装置の扱いの説明を変更するなど，講義の現状に合わせた内容となるよう改訂を行った．その他，物理学実験の初心者が誤解をしないよう全体を見直した．

2023年4月　著者

目　　　　次

基本的な測定器具の使い方

　ここでは，次のような基本的な器具の使い方を説明する．いきなり読んでもわかりにくいので，予習の時に必要な項目を1通り読んでおいて，実験中にもう1度確認する．

　（１）ストップウォッチ【時間を100分の1秒まで測定できる．】

　（２）電子天秤【重力を電気信号に変えて質量を測定する．】

　（３）マイクロメーター【長さを1000分の1mm（すなわち 1μm）まで測定できる．】

　（４）ノギス【長さを100分の5mm単位で測定できる．】

　（５）スケール付き望遠鏡【長さのわずかな変化を「てこの原理」で拡大して読み取る．】

　（６）水準器【水平の調節に使われる．】

　（７）すべり抵抗器【1A程度の電流を流せて，抵抗値を簡単に変えることができる．】

　（８）デジタルマルチメータ【さまざまな電気測定ができる．実験では電圧を測定する．】

　（９）分光計【角度を60分の1度（すなわち1分）まで測定できる．】

　（１０）線スペクトル管用電源とランプ台【ナトリウムランプや水銀ランプを点灯させる．】

　（１１）デジタル温度計【10分の1℃までの測定ができる．】

１．ストップウォッチ（SEIKO S056，「A．重力加速度の測定」で使用）

　1/100秒までの測定ができる．また，メモリー機能があるので，測定終了後にメモリーを呼び出して記録することができる．

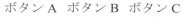

　（１）ストップウォッチモード（ラップ計測）にする．

　　　i)　表示の1行目が図1のように「LAP-＊＊＊」ならば，そのままでよい．（＊＊＊の部分は数字）ストップウォッチモード（ラップ計測）になっている．

　　　ii)　表示の1行目が「LAP-＊＊＊」になっていない場合は，「LAP-＊＊＊」が表示されるまでボタン D（MODE）を押す．ボタン D は押す度に，「LAP-＊＊＊」→「RLP-＊＊＊」→「SPL-＊＊＊」→「TIME」→「LAP-＊＊＊」→・・・の順に1行目の表示が変わる．

図1　SEIKO S056

　（２）ボタン C（START/STOP）を押して測定をスタートする．

　（３）ボタン A（LAP/SPLIT RESET）を押してラップタイムを測定する．ボタンを押すたびにデータがメモリーに保存される．

　（４）ボタン C（START/STOP）を押して測定を終了する．

　（５）メモリーの呼び出し：ボタン B（RECALL）を1回押してメモリーリコールモードにする．（1行目に「RECALL」と表示され，数秒すると「No.001」となって1番目のデータであることを表示する．）ボタン C を押すと次のデータに移動し，ボタン A を押すと前のデータに移動する．表示の2行目はラップタイムで，3行目はスタートからの積算タイム（スプリットタイム）である．実験 A では，3行目の積算タイムを記録する．

　（６）記録が終わったら，表示の1行目が「LAP-＊＊＊」になるまでボタン D（MODE）を数回押し

て，ストップウォッチモードに戻す．最後にボタン A（LAP/SPLIT RESET）を押してリセットしておく．

２．電子天秤（A&D EK-410i，「B．ヤング率の測定」，「D．熱の仕事当量の測定」，「F．交流の周波数の測定」で使用）

図２　電子天秤 EK-410i

　図２に示す電子天秤は，ロードセルと呼ばれる荷重（力）を電気信号に変換する器械を用いて質量を測定している．ロードセルにはひずみゲージ（変形するとその変形量に応じて抵抗値が変化するセンサー）が取り付けられており，ロードセルの荷重による変形をひずみゲージの抵抗値の変化に伴う電圧の変化として検出し，その結果を質量として出力している．

（１）天秤は必ず水平な状態で使用する．

（２）最大 400 g まで 0.01 g 単位で測定できる．**重すぎる物をのせたり衝撃を与えたりすると壊れるので，十分注意する．**

（３）AC アダプターが天秤に接続してある場合は，コンセントに差し込む（AC アダプターがない場合は，内蔵の電池で動かすので，この操作は不要）．

（４）秤量皿に何ものせないで，「ON/OFF キー」を押して電源を入れる．

（５）ディスプレイの表示が「0.0」になるまで待つ．0.0 以外の数値が表示された時は，「ZERO キー」を押してゼロ点調整をする．

（６）測定したい物を秤量皿に静かにのせ，ディスプレイの表示が安定したところで値を読み取る．

（７）電源を切る時は，「ON/OFF キー」を数秒間押し続けて，ディスプレイの表示が消えることを確認する．AC アダプターを使った場合は，コンセントから AC アダプターを抜く．

注意：使用後に秤量皿の上に，AC アダプターやおもり等をのせたままにしないこと．現在，電子天秤は２種類あるがどちらを使用しても良い（ただし測定可能な精度が１桁異なる）．

３．マイクロメーター（「B．ヤング率の測定」，「F．交流の周波数の測定」で使用）
a．原理

　ねじは，回転角に比例して進む．例えば，ねじ山の間隔（ピッチ）が 0.5 mm のねじを 1 回転させると 0.5 mm，半回転させると 0.25 mm，1 / 50 回転（7.2 度の回転）なら 0.5 mm / 50 = 0.01 mm だけ進む．このことを利用して，長さを正確に測る器具がマイクロメーターである．

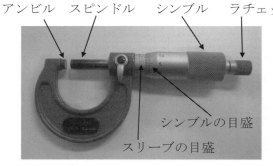

図３　マイクロメーター

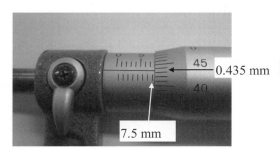

図４　マイクロメーターのスリーブとシンブル

2

マイクロメーターは図3のような形をしている. シンブルが1回転すると, 中に入っているねじの1山分の0.5 mmだけスピンドルが動く. アンビルとスピンドルの間に測定したい物を挟んだ時に, シンブルがどれだけ回転しているかを見れば長さが測れる. いつも一定の力で測定する物を挟むために, 必ずラチェットを使ってシンブルをゆっくり回し, 「カチカチ」と音がしたところで止める. (ラチェットはある一定値以上の力が加わると, 「カチカチ」と音を立てて空回りを始めるようにつくってある)

b．ゼロ点の検査

測定の前に, 何も挟まないでアンビルとスピンドルを密着させて目盛を読む. 読みが0でない時はゼロ点がずれているので, この読みの分だけ測定値を補正する.

c．目盛の読み方

スリーブの目盛は上側が1 mm間隔, 下側がその中間の0.5 mmのところに刻んである. シンブルの目盛は1回転0.5 mmを50等分してあるので, 1目盛は0.01 mmになる. 図4の例では, スリーブの目盛の読みが7.5 mm, シンブルの目盛の読みが0.435 mm (最後の5は目分量) なので, 7.935 mmと読む.

4．ノギス (「A. 重力加速度の測定」, 「B. ヤング率の測定」, 「C. 表面張力の測定」, 「E. 線膨張率の測定」で使用)

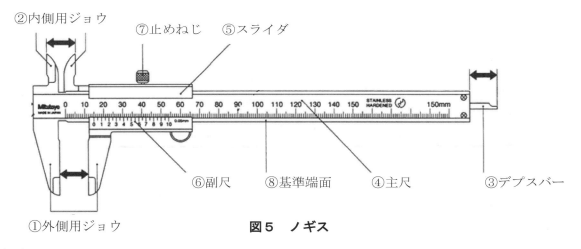

②内側用ジョウ　⑦止めねじ　⑤スライダ

⑥副尺　⑧基準端面　④主尺　③デプスバー

①外側用ジョウ

図5　ノギス

a．概略

ノギスは図5のような器具で, 長さを測るために使う. 図6 (a), (b) のように, 外側の長さを測る時は**①外側用ジョウ**の間に物体を挟み, 内側の長さを測る時は**②内側用ジョウ**を物体の内面にあてる. **③デプスバー**を使うと穴の深さも測れる.

基準の位置は, **外側用ジョウ**の間に何も挟まないでぴったり合わせた状態である. このとき, **内側用ジョウ**の2つの刃 (直線部) は重なり, **デプスバー**も**④主尺**の中にちょうど収まっている. また, **⑥副尺**の0は**主尺**の0と重なっている. 例えば図6 (a) のように, **外側用ジョウ**の間に物を挟むと, その長さ (この場合は外径) の分だけ**⑤スライダ**が動き, **副尺**も**主尺**に対して移動する.

b．目盛の読み方

大体の長さは**副尺**の 0 が**主尺**の
どこにあるかでわかる．さらに，
副尺の目盛と主尺の目盛が合致
（ぴったり一致）するところを読
むと，0.05 mm まで読み取れる．例
えば，図 7 の場合は 9 + 0.15 で
9.15 mm と読む．（ノギスの副尺は
図 5，図 7 のように 39 mm を 20

（ａ）外径の測定

（ｂ）内径の測定

図6　ノギスの使い方

等分したものだけでなく，19 mm を 20 等分したものもあるが，読み方は同様である．）

c．副尺の原理

副尺の 1 目盛の大きさがわかれば読み方がわかる．例え
ば，39 mm を 20 等分したノギスの副尺では，副尺の 1 目
盛は 1.95 mm＝(2−0.05) mm になる．図 7 では副尺の 0 から
数えて 3 本目の目盛が主尺の目盛と合致している．副尺の
目盛の 2 本目，1 本目，0 本目（0）での主尺の目盛とのず

図7　ノギスの主尺と副尺

れは，0.05 mm，0.10 mm，0.15 mm となる．これは，副尺の目盛が 1.95 mm 間隔，それと向かい合う主
尺の目盛が 2 mm 間隔で，0.05 mm だけ差があるためである．結局，副尺の 0 でのずれ，つまり半端の
長さは 0.05 mm×3＝0.15 mm となる．副尺には読み取りを助けるために，2 本目に 1，4 本目に 2，6 本
目に 3，．．．などと数字が書いてあって，それぞれ 0.10 mm，0.20 mm，0.30 mm，．．．を意味する．（19
mm を 20 等分した副尺では 4 本ごとに 2，4，6，8，10 の数字が書かれている．同様に 0.20 mm，0.40
mm，0.60 mm．．．と読む．）

問1：下の図の副尺を読み取りなさい（答えは章末）．

①

②

③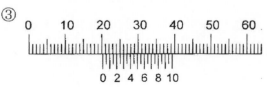

④

５．スケール付き望遠鏡（「B．ヤング率の測定」，「E．線膨張率の測定」で使用）

ａ．構造

スケール付き望遠鏡は図8のような構造をしており，大きく分けるとスタンド，望遠鏡，スケールの3つの部分に分けられる．

図8　スケール付き望遠鏡

ｂ．原理

図9のようにスケール付き望遠鏡 T と三脚付き鏡 M を適当な距離 D で向かい合わせに置く．最初，鏡はほぼ鉛直に立っていて，スケール板 S の A 点の目盛 S_A が見えたとする．次に，三脚の前足が少し下がり，鏡 M が角 θ〔ラジアン〕だけ傾いて B 点の目盛 S_B が見えたとする．光線 AM と BM のなす角は 2θ なので，**AM と BM が水平に近ければ**，目盛の差 $|S_A - S_B| = 2\theta D$ の関係が成り立つ（実際の θ は図よりもずっと小さいので，この近似が成り立つ）．

図10のように，三脚付き鏡の足の間隔が h で，前足が x だけ下がったとすれば，$x = h\sin\theta \cong h\theta$ なので，

$$|S_A - S_B| = \frac{2D}{h}x$$

という関係が成り立つ．この式は，わずかな長さの変化 x が $2D/h$ 倍に拡大されて，スケール上の目盛の変化 $|S_A - S_B|$ になるということを意味している．実際の実験では D は約 1 m, h は約 3 cm なので，約 70 倍に拡大されることになる．このような働きは，「てこ」の働きとよく似ているので，「光学てこ」という名前が付いている．

ｃ．調整

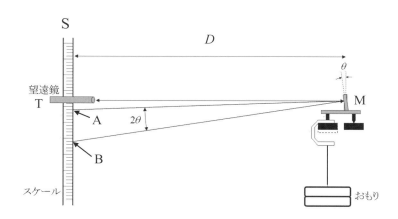

図9　スケール付き望遠鏡と三脚付き鏡の配置
（光学てこによる測定）

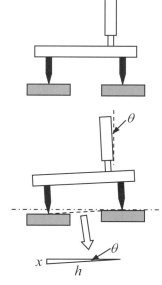

図10　三脚付き鏡の傾き

（1）スケールが傾いている場合は，スタンドの水平調節ねじ（図8参照）を使って真っ直ぐ立て

5

る.

（２）望遠鏡を覗いて十字線が鮮明に見えない時は，図１１の「④接眼部」を回してピントを調整する．（注意：十字線は接眼レンズのすぐ近くにあるので，焦点調節ねじを回しても十字線のピントは変わらない.）

（３）三脚付き鏡を置く．鏡はスケール付き望遠鏡に向くように，また鉛直に立つように調整する（調整方法は実験によって異なる）.

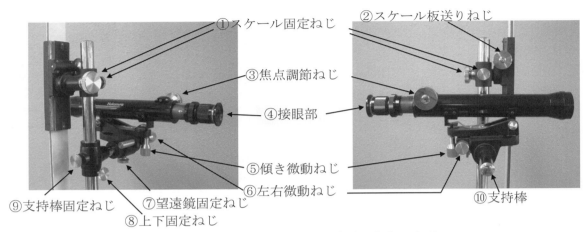

図１１　スケール付き望遠鏡の各部の名前

（４）望遠鏡が水平から傾いている時は，**望遠鏡をしっかり手で支えながら**「⑦望遠鏡固定ねじ」をゆるめ，望遠鏡をほぼ水平にして「⑦望遠鏡固定ねじ」を締める．傾きの微調整には，「⑤傾き微動ねじ」が使える.

（５）**望遠鏡が落ちないようにしっかり手で支えながら**，望遠鏡の「⑧上下固定ねじ」と「⑨支持棒固定ねじ」をゆるめる．鏡と望遠鏡がほぼ同じ高さになるようにしてから，「⑧上下固定ねじ」を締める．望遠鏡を鏡の方向に向けて「⑨支持棒固定ねじ」を締める.

（６）鏡に映ったスケール板が見える位置を肉眼で探す．共同実験者と協力して鏡の向きを調節し，望遠鏡のすぐ上に目を置いた時に，鏡に映ったスケール板が見えるようにする.

（７）この状態で望遠鏡を覗くとスケールが見えるはずなので，「③焦点調節ねじ」でピントを調節する．ただし，鏡にピントを合わせてはいけない．鏡の中に映ったスケールにピントを合わせることに注意する.

（８）見えているスケール板の目盛が望遠鏡とほぼ同じ高さにあることを確認する．高さが著しく異なる目盛が見えている時は（３）から調整をやり直す.

（９）左右微動ねじを使ってスケールが望遠鏡の視野の中央に見えるように調節する．左右微動ねじで調節しきれない場合は，支持棒固定ねじをゆるめて望遠鏡の向きを調節するか，スタンドを少し左右に動かすとよい.

6．水準器（「A．重力加速度の測定」で使用）

a．原理

　水準器としては，図12のような気泡水準器が用いられる．これは，両端を閉じたガラス管の中に気泡（空気の泡）を残して，エーテルやアルコールなどを満たしたものである．ガラス管はわずかに曲がっていて，大きな円弧の1部をなしている．ガラス管の傾きに応じて気泡の位置がずれるので，気泡の位置から傾きを知ることができる．

高さ調整ねじ D, D′
（a）全体図

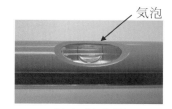
気泡
（b）拡大図

b．水準器の調整

　使用する前に，まず水準器が正しく調整されているかどうかを検査する．そのためには，なるべく水平に近い場所に水準器を置き，気泡の位置を読む．次に水準器を反対向きに置いてみる．気泡が先程と同じ側の同じ目盛のところに止まるならば，水準器は正しく調整されている（置いた場所が水平とは限らないので，気泡の位置も中央になるとは限らない）．同じ目盛に止まらない場合は，高さ調整のねじ D, D′ を使って調整する．

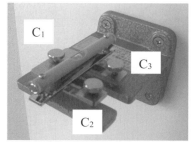
C_1
C_3
C_2
（c）実験 A での使用例
図12　水準器

c．水平の調整

　以上のように調整がしてあれば，水平な場所では気泡は中央に止まる．このことを使って水平の調整ができる．水平にしたい板が図12（c）のように3つのねじ C_1, C_2, C_3 を持っているとする．この場合，まず調整された水準器を図12のように C_2C_3 に平行に置き，ねじ C_2 と C_3 で傾きを調整して気泡を中央に持ってくる．次に水準器を C_2C_3 に垂直に置く．この時，水準器がはみ出して落ちそうになるので，落ちないように手で押さえながら，ねじ C_1 で傾きを調整して気泡を中央に持ってくる．

7．すべり抵抗器（「D．熱の仕事当量の測定」で安全抵抗として使用）

　すべり抵抗器は，つまみをスライドさせて抵抗を変化させることができる抵抗器で，1A程度の大きな電流を流せるのが特徴である．中を見ると金属の抵抗線が巻いてある．つまみの先には，金属板（ブラシと呼ぶ）がつけてあって抵抗線に接触している．ブラシは太い金属棒によって，端子Bとつながっているので，つまみをスライドさせると図13（a）の矢印の位置が変化し，AB 間の抵抗と BC 間の抵抗が変化する．

　ふつうは，端子 A と端子 B に配線し，端子 C を使わないことが多い．その場合，

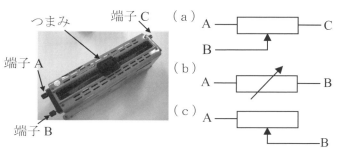
つまみ
端子 C
端子 A
端子 B
（a）A ──［　　］── C ／ B
（b）A ──［　　］── B
（c）A ──［　　］ ／ B
図13　すべり抵抗器とその回路記号

つまみが端子 A, B から離れるほど抵抗が大きくなって，つまみの位置と抵抗の大きさの関係がわかりやすい．端子 C を使わない時には，図１３（b），（c）のような回路記号で表す．

８．デジタルマルチメータ（アドバンテスト社 R6441A「H．ダイオードとトランジスタの特性」で使用）

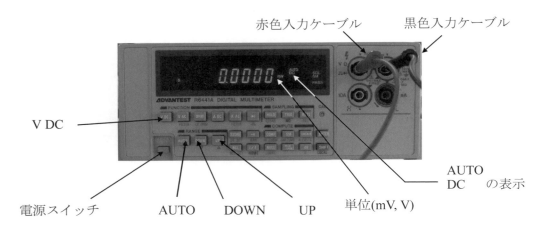

赤色入力ケーブル　　黒色入力ケーブル

V DC

AUTO
DC　の表示

電源スイッチ　　　AUTO　DOWN　UP　　単位(mV, V)

図１４　デジタルマルチメータ

デジタルマルチメータは，電圧，電流，抵抗などを測ることができる．実験Hでは直流電圧を測定するために使用する．

（１）赤色と黒色の入力ケーブルを図１４のように接続する．

（２）コンセントに電源コードを接続する．

（３）電源スイッチ（左下オレンジ色）を押して ON にする．

（４）測定ファンクション選択キーの V DC を押す（直流電圧測定を選択）．

（５）測定レンジは自動選択（ AUTO ）でよい．

　　　表示部右端に AUTO が表示されていれば自動選択になっている．

　　　表示されていなければ，測定レンジ選択キーの AUTO を押す．

　　　測定レンジを自分で選びたい時は AUTO キーを押して表示部に AUTO が表示されない状態（手動選択）にしてから，測定レンジ選択キーの DOWN または UP キーで適当なレンジを選ぶ．

（６）測定端子を回路に接触させて，表示される数値にその右横の単位を付けて読み取る．

　　　例１　表示が「590.2」で単位の表示が「mV」　⇒　590.2 mV

　　　例２　表示が「4.951」で単位の表示が「V」　⇒　4.951 V

　　　（測定端子を接触させない時は，カチカチと音がするが，故障ではない．）

（７）測定が終わったら電源スイッチを押して OFF にする．

9．分光計（「K．回折格子による光の波長の測定」，「L．プリズムの屈折率の測定」で使用）

a．構造

図15（a），（b）のように，分光計の主要部は目盛円板E，コリメーターC，望遠鏡T，プリズム台Dから成る．これらはコリメーターを除いて，共通な回転軸のまわりに回転できる．副尺（バーニア）V_1, V_2は望遠鏡と一体となって回転し，その目盛を読むことによって望遠鏡の回転角が測定できる．

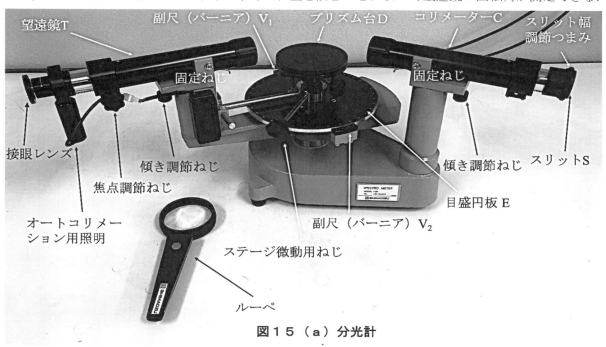

図15（a）分光計

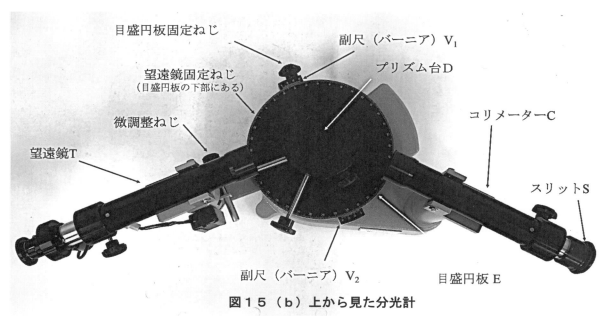

図15（b）上から見た分光計

b．調整

（1）望遠鏡とコリメーターの固定ねじや目盛円板固定ねじがゆるんでいないことを確かめる（ゆ

るんでいる場合はねじを締める）．また，望遠鏡とコリメーターが，ほぼ水平になっていることを確かめる（傾いている場合は傾き調整ねじで調整する）．これらの固定ねじはこれ以降触らないこと．

（２）望遠鏡を回して明るい方向に向ける（回りにくい時は，図１５（b）の目盛円板と目盛円板固定ねじの隙間にある望遠鏡固定ねじやステージ微動用ねじをゆるめる）．接眼レンズを抜き差しして十字線にピントを合わせる（十字線は接眼レンズの数 cm 前にあるので，望遠鏡の焦点調節ねじを動かしても，十字線のピントは変わらない）．

（３）望遠鏡を窓の方に向けて遠くの物体（建物など）を見る．望遠鏡の焦点調節ねじで，遠くの物体にピントを合わせる．

（４）望遠鏡をコリメーターの方に向け，ランプでスリットを照らす．スリットからの光が見えない時は，スリット幅調節ねじでスリットの幅を調節する．

（５）スリットの像が鮮明に見え，しかも十字線に対して**視差がない**ようにコリメーターの焦点調節ねじで調節する．それにはまず，十字線とスリットの像が同時に鮮明に見えるようにし，次に，目を光軸（望遠鏡の中心軸）に対して垂直に動かしても十字線に対してスリットの像が動かないように微調整する．**【視差がない状態とは**：望遠鏡の対物レンズを通った光は，接眼レンズの前に実像をつくる．実像ができる位置が十字線の位置と前後にずれていると，接眼レンズを通して見る方向によって十字線と実像の位置関係が変わってしまう．実像がちょうど十字線の位置にできれば，見る方向が変わっても十字線と実像の位置関係は変わらない．この状態を**視差がない**という．】

（６）スリット調節ねじでスリットの幅を「シャープペンシルの芯の太さの半分位」に調節する．スリットが望遠鏡の視野の中で上下にずれている時は，中央にくるようにコリメーターと望遠鏡の傾き調整ねじで調整する．

≪以上の調整をきちんと行うと，スリットを通った光はコリメーターによって平行光線になる．その平行光線が回折格子やプリズムを通過したのちに，望遠鏡で像をつくり，細い光の線として観測できることになる．≫

c．測定

（１）回折格子やプリズムをセットする．

（２）分光計の目盛円板は，固定ねじを使って適当な位置で固定する（回折格子の実験で，0次の回折光が 0° になるように合わせる必要はない．0° に合わせるとかえって計算がややこしくなる）．

（３）望遠鏡を回して十字線をスリットの像におおよそ合わせて，望遠鏡固定ねじやステージ微動用ねじを締める（十字線が見えにくい時は，補助のライトで望遠鏡を照らして，背景を少し明るくするとよい）．

（４）望遠鏡の微調整ねじを回して，十字線をスリットの像に正確に合わせる．

（５）副尺を使って角度を1分（ 1′ ）の精度で読み取る（目盛の読み方は**「d．副尺の読み方」**で説明する）．

（6）望遠鏡固定ねじやステージ微動用ねじをゆるめて（3）～（5）を繰り返す.

d．副尺の読み方

実験に使用する分光計では，副尺を使うと $1°/60$ の精度で測定できる. $1°/60$ の角度を「1分」といい，$1'$ と表記する. 主尺（円板の目盛）は $0.5°$ おきに目盛ってある. 大体の角度は，副尺の0が主尺のどこにあるかでわかる. さらに，副尺の目盛と主尺の目盛がぴったり合う（合致する）ところを読むと，$1'$ まで読み取れる. 例えば図16の場合，副尺の0は図の①の矢印の位置のように $96.5°$ を少し過ぎたところにあるので，角度は $96.5°$ より少し大きいことがわかる. よく見ると，図の②の矢印の位置で，副尺の13本目が主尺の目盛りの1つ（主尺の方の値は重要ではない）と合致しているので，$96.5°$ $+ 13' = 96°30' + 13' = 96°43'$ と読む.

e．副尺の原理

分光計の副尺は $14.5°$ を30等分している. 1目盛は $14.5°/30 =$ $14.5 \times 60'/30 = 29'$ になる. 主尺の目盛は $0.5° = 30'$ なので副尺の方が $1'$ だけ小さい. 例えば図16のように，副尺の13本目が主尺の目盛と合致しているとする. 主尺とのずれは，12本目では $1'$，11本目では $2' ...$ なので，副尺の0では $13'$ ずれがあることになる.

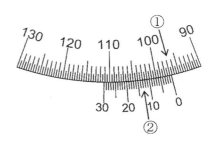

図16 分光計の主尺と副尺

問2：下の図の副尺を読み取りなさい（答えは章末）.

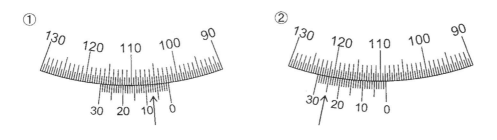

１０．線スペクトル管用電源とランプ台（「K．回折格子による光の波長の測定」，「L．プリズムの屈折率の測定」，「M．ニュートンリングの実験」で使用）

ａ．線スペクトル管用電源の使い方

図１７のように，新型と旧型の２種類があるが，使い方は同様である．

（１）「電源スイッチ」をON（旧型では"接"）にする．

（２）「電流調整つまみ」を４または５に合わせる．

（３）ランプを見ながら「スタートスイッチ」を押し，フィラメントが赤熱したところで，スイッチから手を離すとランプが点灯する．

（４）点灯してから数分すると明るさが安定する．暗い時は「電流調整つまみ」を大きな数字に合わせる．明るすぎる時は，逆に小さな数字に合わせる．つまみを回してランプが消えた場合は，もう１度「スタートスイッチ」を押して点灯させる．

（５）ランプを消すには電源スイッチをOFF（旧型では"断"）にすればよい．

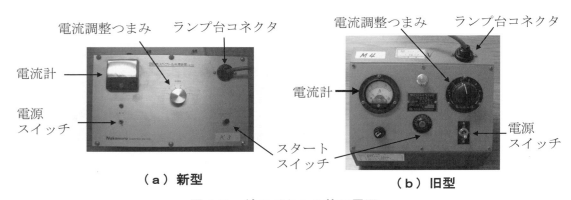

（ａ）新型　　　　　　　　　**（ｂ）旧型**

図１７　線スペクトル管用電源

ｂ．ランプ台の使い方

（１）線スペクトル管を取り付けるランプ台図１８（ａ）のカバーを外すと，図１８（ｂ）のようなソケットがある．よく見ると，大きい穴と小さい穴が２つずつある．

（２）線スペクトル管は図１８（ｃ）のような形をしている．足の部分は，図１８（ｄ）のように，太い足と細い足が２本ずつある．

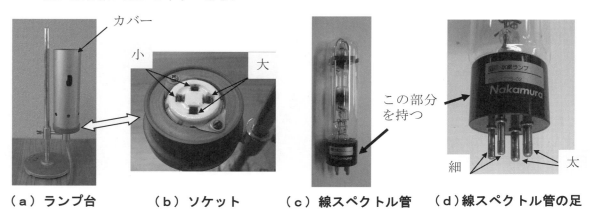

（ａ）ランプ台　　　**（ｂ）ソケット**　　　**（ｃ）線スペクトル管**　　　**（ｄ）線スペクトル管の足**

図１８　ランプ台と線スペクトル管

（3）線スペクトル管をランプ台に取り付ける時は，**黒色の部分を持って**，太い足をランプ台の大きい穴に，細い足をランプ台の小さい穴に合わせて差し込む．

（4）線スペクトル管を取り外す時は，**黒色の部分を持って取り外す**．

注意1　線スペクトル管が熱くなっている時は，**火傷をしないように十分注意する**．

注意2　線スペクトル管の取り付け・取り外しの際には，**ガラス部分を持たないようにする**．

11．デジタル温度計（AD-5625,「C．表面張力の測定」,「D．熱の仕事当量の測定」,「E．線膨張率の測定」で使用）

デジタル温度計は，サーミスタと呼ばれる電気抵抗の温度依存性の大きな半導体素子を用いて，電気抵抗値の変化を温度変化に換算している．このデジタル温度計は，−50〜260 ℃の範囲において，0.1 ℃の分解能で温度を測定できる．温度を測定しているのは，図19（a）の検温部であることに注意する．使い方は次の通り．

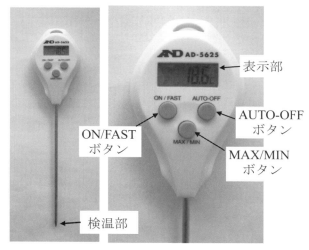

（a）全体図　　（b）拡大図

図19　デジタル温度計

（1）「ON/FAST ボタン」を押して電源を入れる．

（2）表示部の左側に▲，▼または「AUTO」が出ていないことを確かめる．

　　i）「▲または▼」が出ている時は，マークが消えるまで，「MAX/MIN ボタン」を何回か押す（**▲または▼が出ている時は，現在の温度ではなく，メモリーの最高温度，最低温度が表示されるので，十分注意する**）．

　　ii）「AUTO」が出ている時は，「AUTO-OFF ボタン」を押して，いったん電源を切り，もう1度「ON/FAST ボタン」を押して電源を入れる（「AUTO」が出たままにしていると，ボタンを操作しなければ，6〜7分で自動的に電源が切れてしまう）．

（3）測定をする．通常は10秒ごとに温度が表示される．「ON/FAST ボタン」を押している間だけは，2秒ごとに温度が表示される．「E．線膨張率の測定」では，10秒ごとの表示で十分である．

（4）実験が**終わったら，「AUTO-OFF ボタン」を2度押して，電源を OFF にする**．電池が消耗するので，温度測定が終わったらすぐに電源を切る．

注意：同じ型番の温度計で「ON/FAST」ボタンが「ON/OFF」となっている場合がある．その場合は「ON/OFF」ボタンを押すことによって電源を切ることができる．

※問の答え：

問1　① 12.50 mm　② 17.95 mm　③ 20.30 mm　④ 13.85 mm

問2　① 102°07′　② 108°55′

実験に関する基礎知識

1．電気回路の配線の基本

　簡単な例を使って説明する．図２０（a）は，抵抗を流れる電流と電圧の関係を調べるための回路図である．実験では，回路図を元に測定器や部品をつないで，例えば図２０（b）のように配線する．その時のコツと注意点を説明する．

（1）直流電源のスイッチは，回路が完成するまで切っておく．

（2）電圧計は最初のうちは無視する．

（3）回路には，必ず電源から出て電源に戻るループがある（図２０（a）では，直流電源の+から出て，電流計，抵抗を通って直流電源の−に戻るループ）．まず，このループをつくる．

（4）直流回路では，＋と−の区別があることに注意する．測定器の＋端子は電源の+端子に近い方につなぐ．

（5）図２０（b）では太い線が導線で，①〜⑤の番号順につないでいく．

　　① 　直流電源の＋端子と電流計の+端子をつなぐ．

　　② 　電流計の−端子を抵抗につなぐ．図２０（b）では，−端子が４つある．書かれている数字は測定できる最大の電流値なので，安全のために，最大の 30 mA の端子と抵抗をつなぐ．

　　③ 　抵抗のもう１本の足と直流電源の−端子をつなぐ．

　　【これでループが完成した．最後に電圧計をつなぐ．】

　　④ 　電圧計の＋端子を「直流電源の＋端子に近い方の」抵抗の足につなぐ．

　　⑤ 　電圧計の−端子を「直流電源の−端子に近い方の」抵抗の足につなぐ．電圧計の−端子も，安全のために，最大の 10 V の端子につないでおく．

【これで回路が完成した．導線の番号と回路図の対応は図２０（c）参照．】

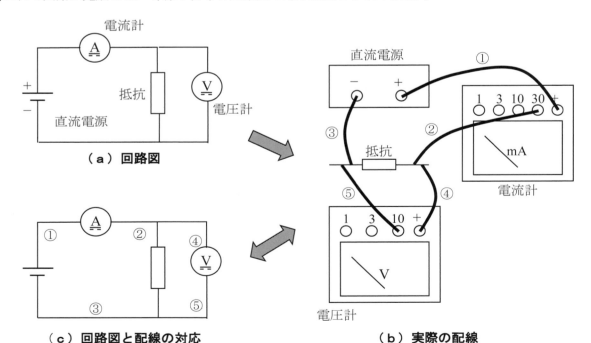

図２０　回路図と実際の配線の簡単な例

14

（6）もう一度，配線をチェックしてから電源を入れて測定を始める．

（7）電流計と電圧計を読む（これですませてはいけない）．

（8）正確に測るために，針の振れがなるべく大きくなるように（ただし，針が振り切れない範囲で）—端子を選んで，つなぎ替える（測定レンジの選択）．

（9）電流計と電圧計を**最小目盛の 10 分の 1** まで慎重に読み取る．

一般的な注意を付け加える．

- 実際の部品の配置は，必ずしも回路図の通りにはならない．配線をして，回路図と同等のものをつくればよい．

- 複雑な回路では分岐が入る．その場合には，どこから分岐して，どういう部品を通って，どこに戻るかを 1 つ 1 つたどりながら配線する．

- 回路図には必要最小限の部品しか書かれていないことがある（図２０の例では，直流電源のスイッチが省略されている．また，実際に使う直流電源には，電圧計や電流計が組み込まれているかもしれない）．

回路図によく使われる記号を図２１にまとめた．

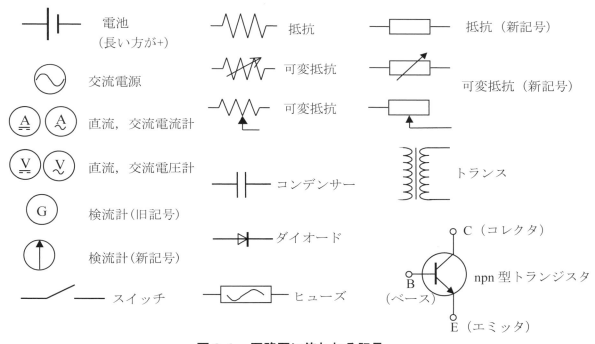

図２１　回路図に使われる記号

注意　目盛板に鏡が張ってある電流計や電圧計は水平に置き，真上に目を持ってきて（鏡に目を写して），針のフレを読む．

２．測定値と誤差，有効数字

測定結果を数値として取り扱う時には，次のことに注意する．

（１）原則として**最小目盛の 10 分の 1 まで目分量で読む**（デジタル表示を除く）．

（２）**読み取った数値は，有効数字に注意して 0 も忘れずに記録する**．

　　　例えば 25 mm は有効数字 2 桁，25.0 mm は有効数字 3 桁（小数第 1 位まで読んだ場合，25mm と書くのは間違い！）．実験値としては精度が違う．

（３）**足し算，引き算は，不正確な方に位をそろえる**．

　　　　25 + 3.11 = 28.11 ⇒ 28　　　　2.832−0.3 = 2.532 ⇒ 2.5

　　　　（1 の位＋小数第 2 位⇒1 の位）　（小数第 3 位−小数第 1 位⇒小数第 1 位）

（４）**掛け算，割り算は，有効数字の桁数を少ない方に合わせる**．

　　　　25×3.11 = 77.75 ⇒ 78　　　　42.556÷23.1 = 1.842251082 ⇒ 1.84

　　　　（2 桁×3 桁　　　⇒ 2 桁）　　（5 桁÷3 桁　　　　　⇒ 3 桁）

詳しい説明を以下に述べる．なお，整数値に不正確さはない．

ａ．測定

測定には次の 2 種類がある．

　　直接測定：測りたい量を直接測る場合．

　　　　　例: 棒の長さをものさしで測る．

　　間接測定：直接測定したいくつかの量から，理論式を使って測りたい量を求める場合．

　　　　　例 1：長方形の縦と横の長さを測って面積を求める．

　　　　　例 2：振子の長さと周期から重力加速度を求める．

　物理の実験では間接測定をすることが多い．

ｂ．誤差

　偶然の一致を除けば，どんなに注意深く測定をしても本当の値（**真値**）はわからない．例えば，1 mm 目盛のものさしで棒の長さを測って 58.5 mm と読み取ったとしても，棒の長さが 58.5 mm ちょうどであるとは限らない．ノギスで同じ棒を測れば 58.45 mm となるかもしれないし，もっと精密な方法で測れば 58.462 mm となるかもしれない．測定値と真値の差を**誤差**といい，真値または測定値に対する誤差の割合を**相対誤差**という．

　　　誤差 ＝ 測定値 − 真値，　　相対誤差 ＝ 誤差 ／（真値または測定値）

　測定値には必ず誤差があることを意識し，実験中は誤差をできるだけ小さくするように注意して測定する．相対誤差を小さくするため，前ページ（8）の測定レンジの選択が重要である．

　データ処理では，計算結果にどれくらいの誤差があるかを評価し適切な桁で止める必要がある．電卓では容易に 10 桁程度の計算結果が出るが，その結果をそのまま書き写してはいけない（**「ｅ．測定値の計算」**を参照する）．

c．誤差の原因

誤差には，「規則性がある**系統誤差**」，「規則性がない**偶然誤差**」，「**過失誤差**」があり，さらに細かく次のように分類される．

系統誤差
- **器械誤差**：測定器械の不完全さによる誤差
  - 例：ものさしの温度による伸び縮みや，不正確な目盛による誤差
- **理論誤差**：理論の誤りや近似による誤差
  - 例：θ が小さい時に $\sin\theta$ を θ で近似することによる誤差
- **個人誤差**：観測者の癖などによる誤差
  - 例：目分量で目盛を読む時に小さめに読む癖がある場合

偶然誤差：偶然に生じる誤差．
- 例：目分量による読み取りにおける最小目盛の 1/10 程度の誤差
- 例：棒の太さが場所によって異なる場合

過失誤差：観測者のミスや不注意による誤差
- 例：目盛の読み間違いや器具の使い方の誤りによる誤差

器械誤差を見積もるためには，そのための測定や装置についての詳しいデータが必要になるので，ここでは扱わない．理論誤差は，理論的な検討によって評価できるので，テーマによっては考察の対象となる．個人誤差と過失誤差は，訓練や注意によってできるだけなくすように努力する．**実験中に過失誤差が生じたと判断した場合には測定をやり直す**．以下では主に偶然誤差について説明する．

d．測定値の有効数字

測定器の目盛を読み取って測定する時は，目分量で最小目盛の 10 分の 1 まで読み取るのが原則である．例えば，最小目盛が 1 mm のものさしを使って長さを測る時は，0.1 mm まで目分量で読み取る．25 mm ちょうどで，0.1 mm の桁が 0 の時は，25.0 mm と記録する．25 mm と書くと小数第 1 位はわからないという意味になってしまう．逆に 25.00 mm と書くと，読んでいない小数第 2 位が 0 だと誤った主張をすることになる．**読み取った値は 0 でも 1 でも同じようにきちんと記録する**．1 回だけの測定であれば，読み取りの誤差は最小目盛の 1 / 10 程度になる．

デジタル表示の測定器の場合は，表示をそのまま書き写す．ただし，最後の桁に±1 程度の誤差は避けられないことに注意する．装置の性能によっては，それ以上の誤差がある場合もある．

位取りの 0 を除いて，読み取った数字の個数を測定値の**有効数字**という．例えば，25.0 mm では 2, 5, 0 の 3 個の数字を読み取ったので有効数字 3 桁という．単位を変えると 25.0 mm = 2.50 cm = 0.0250 m = 0.0000250 km などとなるが，どれも有効数字は 3 桁である．位取りの 0（前に付く 0）の個数は単位の選び方で決まるものなので，有効数字の桁数には入れない．これに対して 25 mm は有効数字 2 桁，25.00 mm は有効数字 4 桁，25.000 mm は有効数字 5 桁で，その後の計算の仕方が違ってくる．繰り返しになるが，**≪測定値は，その数値を記録する時に有効数字が決まる≫**ので，読み取った値を正確に記録しなければならない．

大きな数や小さな数を表すには，**浮動小数点表示**（**指数表示**とも呼ばれる）が便利である．浮動小数点表示では，0.0001234 を 1.234×10^{-4} または 0.1234×10^{-3} と表す．位取りのためにたくさんの 0 を付け

なくてもすむし，およその大きさがわかりやすい．また，有効数字が何桁であるのかもすぐにわかる．大きな数値で，1234???（一，十，百の桁の値がわからない）のような場合には，1.234×10^6 または 0.1234×10^7 と表す．1234000 と書くと，一，十，百の桁が全て 0 で有効数字 7 桁という意味になる．

【注意】時には，最後の桁以上の誤差が生じる場合がある．例えば，5 回の測定結果が 4.03，4.25，4.38，4.17，4.52 となった場合である．測定値は小数第 2 位まで読めているが，平均値 4.27 に対して±0.2 くらい測定値がばらついている．このような場合には有効数字 2 桁と考えるべきである．

e．測定値の計算（簡便法）

誤差を含んだ測定値を使って計算をすると，計算結果にも誤差が生じる．計算結果の誤差を数値で求めるには，そのための計算をしなければならない．誤差を数値で求めなくてもよい場合には，次のような簡便法によって計算結果のどこまでが意味のある数字であるかを判定できる．この実験では，簡便法で計算を行うことにする．

●足し算，引き算では，不正確な方に位を揃える．

説明：129.9 と 2.011 の足し算

$$
\begin{array}{r}
129.9 \\
+\quad 2.011 \\
\hline
131.911
\end{array}
\quad\Longleftrightarrow\quad
\begin{array}{r}
129.9?? \\
+\quad 2.011 \\
\hline
\boxed{131.9}??
\end{array}
$$

ふつうに計算すると 131.911 になる．けれども 129.9 の最後の 9 に対して±1 か±2 の誤差があり，小数第 2 位，第 3 位はいくらなのかわからない．つまり 129.9 は 129.900 ではなく 129.9?? なのである．したがって，足し算の結果の小数第 2 位，第 3 位の 11 には意味がないので，131.9 で止めるのが正しい（この例から，同じ「位」まで測定できれば十分で，片方だけを非常に正確に測っても無駄なことがわかる）．

問1 有効数字を考えて，電卓で計算した結果を修正しなさい（答えは章末）．

① 12.35+8.546−3.3 = 17.596

② 2.541−2.51 = 0.031

●掛け算，割り算では，有効数字の桁数が少ない方に合わせる．

説明：2.9×2.011 の場合．誤差があるとして 2.9 は 2.8～3.0，2.011 は 2.010～2.012 だとしてみよう．小さいものどうしを掛ければ 2.8×2.010=5.628，大きいものどうしを掛ければ 3.0×2.012=6.063 となる．2.9×2.011=5.8319 は±0.2 くらいの誤差を持つので，5.8 で止めるのが正しい．有効数字の桁数で見ると，2 桁×4 桁は桁数が少ない方の 2 桁で止めるという結果になった．この規則が割り算も含めて一般的に成り立つ（掛け算，割り算の場合は，有効桁数が同じになるように測定できればよく，片方だけを非常に正確に測っても無駄なことがわかる）．

（補足）(9.8±0.1)×(1.234±0.001)=12.0932±0.12 は 12.1 と 3 桁でもよい．そこで計算の途中過程では**(有効桁数+1)**の桁数で計算し，最終段階で精度を考察して結果の数値の桁数を決定するとよい．

問2 有効数字を考えて電卓で計算した結果を修正しなさい（答えは章末）.

① $12.35 \times 7.428 \div 0.033 = 2779.872727$

② $2.54 \times 2.1 - 1.5 = 5.334 - 1.5 = 3.834$

f．測定値のわずかな変化の計算結果への影響

測定値が少し変化した時に計算結果がどれくらい変化するかということを知りたい場合がよくある．そのためには，測定値を少し変えてもう 1 度計算をするという方法もあるが，次のような一般論を知っていると見通しがよい．まず，簡単な例について説明する．

例1：長方形の縦の長さ a と横の長さ b を測って面積 $S = ab$ を求める場合.

縦の長さが $a + \Delta a$ になると面積は $S + \Delta S = (a + \Delta a)b$ となるので，面積の変化分は $\Delta S = b\Delta a$ である．変化の割合に直すと $\dfrac{\Delta S}{S} = \dfrac{b\Delta a}{ab} = \dfrac{\Delta a}{a}$ となる．つまり，a が 1 ％変化すれば面積も 1 ％変化することになる．

例2：正方形の辺の長さ a を測って面積 $S = a^2$ を求める場合.

辺の長さが $a + \Delta a$ になると面積は $S + \Delta S = (a + \Delta a)^2 = a^2 + 2a\Delta a + \Delta a^2$ となる．a に比べて Δa が小さいと第 3 項は第 2 項に比べて小さくなるので，面積の変化分は $\Delta S \cong 2a\Delta a$ になる．変化の割合に直すと $\dfrac{\Delta S}{S} = \dfrac{2a\Delta a}{a^2} = 2\dfrac{\Delta a}{a}$ となる．つまり，a が 1 ％変化すると面積は 2 ％変化することになる．変化の割合が 2 倍になったのは，面積 S が a の 2 乗になっているためである．同様に計算すると，立方体の体積 $V = a^3$ の場合は $\Delta V \cong 3a^2\Delta a$ となるので，$\dfrac{\Delta V}{V} = \dfrac{3a^2\Delta a}{a^3} = 3\dfrac{\Delta a}{a}$，つまり a が 1 ％変化すると体積は 3 ％変化することになる．

高校の数学 III で習ったように，x の関数 $f(x)$ の x が微小量変化して $x + \Delta x$ になった時，関数の値の変化は $\Delta f = f(x + \Delta x) - f(x) \cong f'(x)\Delta x = \dfrac{df}{dx}\Delta x$ と近似できる．例 1 の面積 S は a と b の関数なので，$S(a, b) = ab$ と表す．a が少しだけ変化した時の関数 S の変化は，$f(x)$ の場合とほとんど同様に $\Delta S = S(a + \Delta a, b) - S(a, b) \cong \dfrac{\partial S}{\partial a}\Delta a$ と表せる．ここで $\dfrac{\partial S}{\partial a}$ は **偏微分** と呼ばれるもので，$\dfrac{\partial S}{\partial a} \equiv \lim_{\Delta a \to 0} \dfrac{S(a + \Delta a, b) - S(a, b)}{\Delta a}$ と定義される（定義から近似式が成り立つことは明らかだろう）．変数 b は変化しないので定数とみなして，変数 a について微分すればよいので $\dfrac{\partial S}{\partial a} = b$ となり，例 1 の中で計算した通りに $\Delta S \cong \dfrac{\partial S}{\partial a}\Delta a = b\Delta a$ となる．例 2 の場合は，1 変数なので普通に微分すればよい．正方形

の面積 $S(a) = a^2$ については $\dfrac{dS}{da} = 2a$ なので，$\Delta S \cong \dfrac{dS}{da}\Delta a = 2a\Delta a$ となる．また，立方体の体積 $V(a) = a^3$

については $\dfrac{dV}{da} = 3a^2$ なので，$\Delta V \cong \dfrac{dV}{da}\Delta a = 3a^2\Delta a$ となる．

　計算式がべき乗の場合には，簡単な関係が成り立つ．例えば $f(a,b,\cdots) = a^m b^n \cdots$ の場合，偏微分は

$\dfrac{\partial f}{\partial a} = ma^{m-1}b^n\cdots = m\dfrac{a^m b^n \cdots}{a} = m\dfrac{f}{a}$ となる（m が正の整数の場合に限らず，一般的に成り立つことに注

意する）．これを使うと，a が Δa だけ変化したことによる f の変化は $\Delta f \cong \dfrac{\partial f}{\partial a}\Delta a = m\dfrac{f}{a}\Delta a$ となり，

変化の割合に直すと $\dfrac{\Delta f}{f} \cong m\dfrac{\Delta a}{a}$ となる．例 1 と例 2 でも，この関係が確かに成り立っている．この式

を使うと，簡単に $\dfrac{\Delta f}{f}$ や Δf を求めることができる．

まとめ

- $f(a,b,\cdots)$ について，　$\Delta f = f(a+\Delta a, b, \cdots) - f(a,b,\cdots) \cong \dfrac{\partial f}{\partial a}\Delta a$

- $f(a,b,\cdots) = a^m b^n \cdots$ の場合，　$\dfrac{\Delta f}{f} \cong m\dfrac{\Delta a}{a}$

---

g．平均値と標準偏差

　正確に測定するために，実験では同じ量を何回か測定することがある．その時，最も確からしい値
（**最確値**）としては**平均値**をとる．なぜなら，偶然誤差は測定するたびに＋になったり－になったりす
るので，何回も測れば打ち消し合うと期待されるからである．

　偶然誤差を見積もる時には，知ることのできない真値の代わりに平均値を使う．（測定値－平均値）
は残差と呼ばれ，測定値ごとに＋になったり－になったりする．次の式で定義される標準偏差または
平均二乗誤差は，測定値が平均値のまわりでどれくらい散らばっているかを表す目安になる．パソコ
ンの表計算ソフトを使うと，平均値や標準偏差が簡単に求められる．

残差 ＝ 測定値－平均値

標準偏差 ＝ 平均二乗誤差 ＝ $\sqrt{\dfrac{残差の2乗の合計}{測定回数 - 1}}$

　　例：シャープペンシルの芯の太さをマイクロメータで 5 回測った結果，0.561 mm, 0.563 mm, 0.560
　　　　mm, 0.557 mm, 0.558 mm となった．計算すると，平均値は 0.5598 mm，標準偏差は 0.0023 mm
　　　　になる．標準偏差は有効数字 1 桁（または 2 桁）にするのが普通なので，この場合には 0.002
　　　　mm となる．また，平均値は 0.560mm とする．

　　注　5 つのデータの和は 2.799 と 4 桁であるので，これを整数 5 で割り算した平均値は 18 ページの桁数の考
　　　　え方では 4 桁である．しかし，標準偏差（測定のばらつき度）を考慮すれば 0.556±0.002 と 3 桁の精度である．

ある１つの量を繰り返し測定すると，測定値は図２２のような正
規分布になることが多い．図２２は測定値を等間隔に細かく分けた
時に，それぞれの区分に入る測定値が何回あったかという度数をグ
ラフにしたものである．平均値に近い測定値になることが多く，平
均値から離れるほど出現しにくいという当然のことを表している．
正規分布の場合は，図２２の斜線の部分，つまり，「平均値±標準偏
差」の範囲に入る確率が約 68 ％ になる．

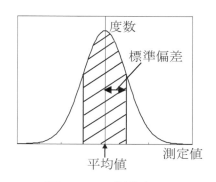

図２２　正規分布

問３　ある物体の密度を等しい精度で 10 回測定し，g / cm³ を単
位として以下の結果を得た．物体の密度の平均値（最確値）と標準偏差を求めなさい（答えは章
末）．

$$7.672, 7.674, 7.687, 7.673, 7.655, 7.683, 7.669, 7.672, 7.690, 7.664$$

（参考）

統計学によると平均値の信用度を表す「平均値の平均二乗誤差」と「平均値の公算誤差（確率誤差）」
を次の式によって見積もることができる．公算誤差は「平均値±公算誤差」の範囲内に入る確率が 50 ％
になるような値である．

$$平均値の平均二乗誤差 = \sqrt{\frac{残差の2乗の合計}{測定回数 (測定回数-1)}} = \sqrt{\frac{残差の2乗の平均値}{測定回数-1}}$$

$$平均値の確率誤差(公算誤差) = 0.6745 \times （平均値の平均二乗誤差）$$

ただし，公算誤差を求める式の係数 0.6745 は測定回数 n が十分大きな値に対して成立するものであり，
測定回数が少ない時には 0.6745 の代わりに次の値を取る．

n	2	3	4	5	6	7	8	9	10	…	∞
	1.00	0.816	0.766	0.740	0.728	0.718	0.713	0.708	0.703		0.6745

【注意】上に説明したような誤差の見積もりは測定値がある程度の「ばらつき」を持っている時にしか
意味を持たない．ものさしによる長さの測定の例で，5 回とも 25.0 mm だったとする．平均値
はもちろん 25.0 mm で，標準偏差は 0 mm となる．しかし，目分量で読み取ったことを考える
と，長さは 24.95 mm から 25.05 mm の範囲にあるはずで，誤差は少なくとも 0.05 mm はある．
デジタル表示の装置でも，読み取った値の 1 桁下はわからないことに注意する．

h. 加重平均

1 つの物理量をいろんな人が異なる条件で測定する場合，測定装置の精度や測定条件によって得られ
る結果の最確値や誤差が異なる場合がある．これらの測定結果から最確値を推定するにはどうすれば
よいだろうか．より小さい誤差を与えている測定結果はより高い精度で測定が行われていると考えら
れるので，誤差の大きさが違うものを単純に平均して最確値を推定するのは適切でない．

　1つの物理量 z を独立に n 回測定した結果の最確値と誤差が $z_i + \varepsilon_i$ （$i = 1, 2, ..., n$）で与えられる時，最確値の最良推定値 z_w は

$$z_w = \frac{\sum_i w_i z_i}{\sum_i w_i}$$

で与えられる．ここで，w_i は「重み」と呼ばれる量で

$$w_i = \frac{1}{\varepsilon_i^2}$$

である．この式からわかる通り，誤差が相対的に大きい（測定精度が相対的に低い）測定結果は z_w に対する寄与が小さくなる（重みが小さくなる）．このことから z_w を加重平均と呼ぶ．また，加重平均に対応する誤差 ε_w は

$$\varepsilon_w = \frac{1}{\sqrt{\sum_i w_i}}$$

で与えられる．

　問4　ある同一の物体の長さを 6 人が異なる条件で独立に測定し，m を単位としてそれぞれ以下の結果を出した．この物体の加重平均と誤差を求めなさい（答えは章末）．
$$9.68 \pm 0.23, \, 9.76 \pm 0.55, \, 9.73 \pm 0.09, \, 9.80 \pm 0.42, \, 9.77 \pm 0.16, \, 9.87 \pm 0.30$$

【注意】「重み」には上記以外にも多様な選択はありうる．

i．誤差の伝播

　物理量の測定は多くの場合，直接測定により得られる値を組み合わせて求める．これを間接測定と呼ぶことは既に述べた通りである．間接測定を行った時，個々の測定量の誤差は最終結果の誤差にどのように伝播するだろうか．

　ある物理量 f が n 個の測定値 $x_1, x_2, ..., x_n$ から得られる場合を考える．すなわち

$$f = f(x_1, x_2, \cdots, x_n)$$

である．この時，$x_1, x_2, \cdots, x_n$ の誤差がそれぞれ $\varepsilon_{x1}, \varepsilon_{x2}, \cdots, \varepsilon_{xn}$ であるとすると，f の誤差 ε_f は

$$\varepsilon_f = \sqrt{\left(\frac{\partial f}{\partial x_1}\varepsilon_{x1}\right)^2 + \left(\frac{\partial f}{\partial x_2}\varepsilon_{x2}\right)^2 + \cdots + \left(\frac{\partial f}{\partial x_n}\varepsilon_{xn}\right)^2}$$

で与えられる．

　このことを1つの例で考えてみよう．直径 D，質量 M の球の密度 ρ は

$$\rho = \frac{M}{\frac{1}{6}\pi D^3}$$

で与えられる．ρ を D, M のそれぞれについて偏微分すると

$$\frac{\partial \rho}{\partial M} = \frac{1}{\frac{1}{6}\pi D^3} = \frac{\rho}{M}, \qquad \frac{\partial \rho}{\partial D} = -\frac{M}{\frac{1}{18}\pi D^4} = -3\frac{\rho}{D}$$

となる．よって，ρの誤差ε_ρは D, M それぞれの誤差$\varepsilon_D, \varepsilon_M$を用いて

$$\varepsilon_\rho = \sqrt{\left(\frac{\partial \rho}{\partial M}\varepsilon_M\right)^2 + \left(\frac{\partial \rho}{\partial D}\varepsilon_D\right)^2} = \sqrt{\left(\frac{\rho}{M}\varepsilon_M\right)^2 + \left(-3\frac{\rho}{D}\varepsilon_D\right)^2} = \rho\sqrt{\left(\frac{\varepsilon_M}{M}\right)^2 + 9\left(\frac{\varepsilon_D}{D}\right)^2}$$

となる．ρの最良推定値は D, M の最確値から計算できると考えてよいので，上式よりρの最確値と誤差を求めることができる．

問5 直径 D，高さ l の円柱の体積 V は

$$V = \frac{\pi}{4}D^2 l$$

で与えられる．l と D の最確値と誤差（標準偏差）として次の値が得られた時，V の最確値と誤差を求めなさい（答えは章末）．

$$l = 56.24 \pm 0.65 \text{ mm}, \quad D = 15.67 \pm 0.13 \text{ mm}$$

3．片対数グラフ

片対数グラフ用紙は，計算をしなくても常用対数をとったグラフが描けるように工夫されたグラフ用紙である．図23（a）のように，縦軸の目盛線は等間隔ではなく周期的に変化していて，1周期が

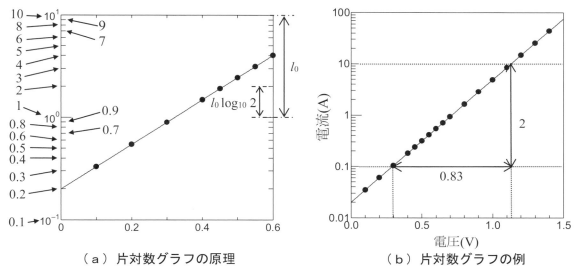

（a）片対数グラフの原理　　　　　　　（b）片対数グラフの例

図23　片対数グラフ

十進法の1桁にあたる（常用対数では $\log_{10}(10x) = 1 + \log_{10} x$ ，つまりある数とその10倍の数は対数をとると1だけ違うことを思い出そう）．1と10の目盛線の間隔をl_0とすると，図の右側に示したように1と2の目盛線の間隔は $l_0 \log_{10} 2$，1と3は $l_0 \log_{10} 3 \dots$ となるようにつくられている．したがって，グラフの左に矢印で示したように縦軸の目盛を読んでその位置に点を打てば，対数を計算した高さに

点を打てることになる．図２３（a）の縦軸は 10^{-1}～10^1 にとってあるが，桁がずれて例えば 10^3～10^5 になっても同じ目盛が使えることは上の説明からわかるだろう．図２３（a）には説明のために余分なものが書き込んである．また，A4 サイズの片対数方眼紙の縦軸は４桁分ある．実際のグラフの例を図２３（b）に示す．縦軸の目盛数字は，対数をとった値ではなく，元の値を書くことに注意する．

　片対数グラフは，縦軸の量 y と横軸の量 x の間に $y = ae^{bx}$ という関係が予想される場合によく使われる．両辺の常用対数をとると，$\log_{10} y = bx \log_{10} e + \log_{10} a = (b \log_{10} e)x + \log_{10} a$ となる．これから $\log_{10} y$ と x は，傾きが $b \log_{10} e$ で，y 切片が $\log_{10} a$ の直線関係になることがわかる．逆に，片対数グラフが直線になれば，指数関数の関係があるといえる．

　図２３（b）の例で計算してみよう．図の三角形で傾きを計算する時，高さは目盛数字の差をとった $10 - 0.1 = 9.9$ ではなく，$\log_{10} 10 - \log_{10} 0.1 = 1 - (-1) = 2$ であることに注意する．傾き $b \log_{10} e = \dfrac{2}{0.83}$ から $b \cong 5.5$ が得られる（$\log_{10} e \cong 0.4343$）．また y 切片 $\log_{10} a \cong \log_{10} 0.02$ なので，$a \cong 0.02$ となる（近似直線の式を計算で求めることもできる．その場合には，傾きや y 切片の誤差を計算で評価できる．近似直線を手で引く場合には，直線の引き方にどれくらいの任意性があるかによって，傾きや y 切片の有効数字が決まる）．

　２つの軸の両方を対数目盛にとったグラフが便利な場合もある．これを両対数グラフといい，$y = ax^b$ という関係が予想される場合に使われる．両辺の常用対数をとると，$\log_{10} y = b \log_{10} x + \log_{10} a$ となるので，$\log_{10} y$ と $\log_{10} x$ が直線関係になる．グラフの傾きからべき指数 b が，y 切片から係数 a が求められる．

【注意】片対数グラフから傾きを求める時，直線上から読み取る y の値は 10 のべきの数値である必要はない．２点の y の値が，例えば 8 と 80 でも，$\log_{10}80 - \log_{10}8 = 1$ となるので，y が 10 倍離れた２点での x の値を読めば，傾きは $1/(x_2 - x_1)$ で求まる．

※問の答え：

問 1　① 17.6　② 0.03

問 2　① 2.8×10^3　② 3.8

問 3　平均値（最確値）: 7.674 g/cm^3　標準偏差: 0.011 g/cm^3

　　　よって測定結果は，7.674 ± 0.011 g/cm^3 あるいは 7.674 (11) g/cm^3 と表記する

問 4　9.74±0.07 m

問 5　10.85±0.22 cm^3

実験レポートの書き方

　実験レポートは他人に自分の実験の結果等を知らせるための報告書である．したがって，実験結果やそれに対する自分の考えや主張などを読者に正確に伝えるための文章と図表を示す必要がある．ここでは一般的なレポートの書き方を紹介する．なお，詳細な書き方などは，専門分野によって多少異なる場合があるので注意を要する．通常は文体として**「である調」**で書く．

Ａ．レポートの構成
　レポートはおおむね以下の項目から構成される．

　　　表紙，目的，原理，装置，方法，結果（データと計算），考察・結論，結果のグラフ

以下にレポート例を示し，それぞれの項目について説明する．なお，結果のグラフは原則として A4 サイズとし，図番号はレポート全体で通し番号をつけ，レポートの最後にとじる．

表紙　レポートには履修するクラスで指定された形式の表紙をつける．

　左は表紙の 1 例であり，山口大学共通教育「物理学実験」で用いているものである．このように実験題目，装置番号，実験日，報告者の所属・氏名，共同実験者がいる場合はその所属・氏名を記述する．

　なお，「実験予習プリント」を表紙とすることもある．

レポートの内容の例

1 目的
ジョリーのばね秤を用い、おもりをのせてばねの伸びを測定し、このばねのばね定数を求める。

2 原理
ばね秤はばねの伸びがつり下げる物の重さに比例することを利用して物の重さを量る道具である。「ばねの伸びとばねにかけた荷重は比例関係がある」というフックの法則はばねの伸び Δl、おもりの質量を m とすると、以下の式で表せる。

$$k\Delta l = mg \quad \text{①}$$

ここで g は重力加速度、k はばね定数である。ばね定数 k は①式より以下のように書ける。

$$k = \frac{mg}{\Delta l} \quad \text{②}$$

3 装置
ジョリーのばね秤、分銅（おもり）

4 方法
(1) 図1のばね秤のおもり受けに分銅を1つのせ、その時のばねの長さ l を測定した。
(2) 分銅を増やしていき、それぞれにおけるばねの長さを測定し、表にまとめた。
(3) 分銅の質量 m とばねの長さ l をグラフに描き、そのグラフの直線の傾きからばね定数を計算した。ここで何ものせない時のばねの長さを l_0 とするとばねの伸び Δl は

$$\Delta l = l - l_0 \quad \text{③}$$

と表せる。直線の傾きを a とすると②式よりばね定数を

$$k = \frac{m}{\Delta l}g = \frac{g}{a} \quad \text{④}$$

により求めた。

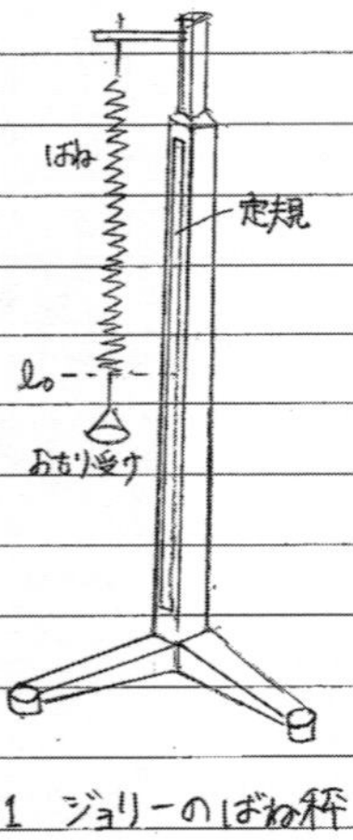

図1 ジョリーのばね秤

5. 結果
表1におもりの質量 m、おもりをおもり受けにのせた時のばねの長さ l を示す。おもり1個あたりの質量は与えられた 1g を用いた。

単位の付け方
物理量を表す文字の後の単位には括弧を付ける。数字の後の単位には括弧を付けない。
例）おもりの質量を m [g] とすると分銅5個乗せたときのおもりの質量は 5g である。
なお、本テキストの中では数字で結果を記述する場合であっても単位を書く場所を明示するため [ ] を示している。

---

1. 目的
実験の目的を具体的に書く。簡潔に要点のみをまとめる。実験において計測する物理量（測定量）と、測定量を用いて計算などにより求める物理量を区別する。

2. 原理
測定に用いる基本的な原理を説明する。**実験テキストを丸写しにせず自分の言葉で書く。**

3. 装置
使用した実験装置を列挙する。

4. 方法
実験方法を文章で記述する。通常、「方法」は**過去形**で書く場合が多い。読者が同じ実験を追試できるように簡潔に書く必要がある。**実験テキストを丸写しにせず、自分の言葉で書く。**テキストと異なる方法で実験した場合は、実際に行った方法を記述する。

結果において使用する関係式や数式は原理あるいは方法の項で記述しておく。

5. 結果
測定で得たデータ（生データ）を記載する。表にまとめるとよい（「B. 表の書き方」を参照する）。表中に記載した物理量は本文中に説明する。

表1　おもりの質量 m とばねの長さ l

m [g]	l [cm]	← 単位をつける
1	33.63	
2	36.28	
3	39.98	
4	42.54	
5	46.15	

　表1より おもりの質量が増えるとばねが伸びているのが分かる。 ←
図2に表1のおもりの質量 m とばねの長さ l の関係を示す。
　図2のグラフより おもりの質量とばねの長さは 直線関係 ←
(1次関数の関係) となることがわかった。
　グラフの直線の傾き a を直線上の2点、(5, 45.92)、(1, 33.35) ←
から求めると、

$$a = \frac{(45.92 - 33.35) \times 10^{-2}\ m}{(5-1) \times 10^{-3}\ kg}$$

$$= \frac{12.57}{4} \times 10$$

$$= 31.4\cancel{25} \quad ← \boxed{有効数字を考慮}$$

$$= 31.43\ m/kg \quad ← \boxed{単位をつける}$$

となり、ばね定数 k は ④ 式より

$$k = \frac{g}{a} = \frac{9.797}{31.43}$$

$$= 0.3117\ N/m \quad ← \boxed{単位をつける}$$

と求められた。ここで重力加速度 g は g = 9.797 m/s² を用いた。

1) 理科年表 平成25年 (丸善出版) 817 日本各地の重力実測値 (2) 下関の値

$\boxed{文献名}$

6. 考察

　$\boxed{ここでは省略するが実際のレポートには考察を書く}$

7. 結論

　本実験ではばねにつるした分銅の質量とばねの長さを測定し
ばね定数をまとめた。その結果、実験に用いたばねの ばね定数は
3.117×10⁻¹ N/m であった。

　表は本文中の適切な場所に挿入する (報告書や論文などでは生の数値データは記載せず, 読者にわかりやすくするためにグラフなどのみを示す. しかし, 本書「物理学基礎実験」では, 生データから必要な物理量を導出する過程を重視するために生データをレポートに記載することにしている).

　数値には必ず**単位**をつける. 数値を記載する時は, **有効数字**を考慮する. 有効数字については**「実験に関する基礎知識 2. 測定値と誤差, 有効数字」**を参照する.

　表, 図 (グラフ) を示す時には, どの結果をどの表に示したかなどを本文中に文章で記述する.

　図 (グラフ) から読み取ることのできる実験事実を文章で具体的に記述する.「グラフの傾き」は, 一般的なグラフ (曲線) の場合, 場所によって異なる. 傾きが1つの値に決まるのはグラフが直線になる場合に限る. 傾きを求める前にグラフが直線になる事実を記述しておかなくてはならない.

　式を使用して数値を計算する場合, 式と結果のみではなく, 説明を加える.

　計算時は有効数字に留意しなくてはならない. 分母のおもりの質量は実験での測定値ではなく, あらかじめ与えられた (仮定した) 値を用いて計算している. 有効数字はあくまでも用いた測定器具や方法によるので, この場合のおもりの質量は無限大の有効数字を持つとして計算する. 実際の有

27

効数字は長さの測定値の有効数字に依存する．グラフの傾き（直線になるグラフ）を求める時，測定した2点から傾きを計算するのではなく，直線上の任意の2点から求める．前者は単に測定点の2点を結んだ直線の傾きにすぎない．

　共同実験者がいる場合には，共同実験者の結果等も同様に記載する（**「E．共同者の結果の記述」**を参照する）．

6．考察

　考察では，まず実験で得られたデータの信頼性を考慮して結果を考察することが重要である．

　実験によって得られた数値や法則性などの結果がどのような意味を持っているのか，あるいはどのような法則が確認されたのか等を，自分の言葉で説明することに心がけて書く．もし，仮説から予想される結果との食い違いが見出された時はその要因について，測定者の主観ではなく，客観的な説明を基に記述する．考察を書く時の注意事項を以下にあげておく．

　　（1）感想や反省を考察には書かない．「数値を読むのが難しかった」「もっとていねいに測定すればよかった」のような記述は考察ではない．

　　（2）論理的な説明で考察する．説明にはその根拠を明確にする．数値の考察は定量的に行う．「この結果は妥当である」だけでは何を根拠にしているのか読者にわからない．具体的に記述する．

　　（3）可能な限り，実験終了後直ちに結果の考察を行う．そうすれば，実験の測定法が適切でない場合にやり直すことが可能である．本書には考察記入欄を設けてあるので書き込んでおくとよい．

　　（4）文献で調べたことをもとにして，実際の実験結果を具体的に考察する必要がある．その際には，どの部分をどの文献から引用したのかを明確にする必要がある．文献で調べたことの丸写しは考察ではない．

　　（5）結果と文献値を比較する際に，「実験で得られた値と文献値は必ず一致する．」と決めつけた考察がよくある．これは明らかに誤りである．文献値と得られた結果はおおよそ一致する根拠はあっても，正確に一致する根拠はない場合がほとんどである．測定に用いた材料，方法，そして場所や環境などによって異なるはずである．文献値が何（材料，測定機器，etc）を用いてどのような方法で測定した結果か，さらに自分が測定した値と本質的に一致する値なのかをよく考えて議論する必要がある．

7．結論

　実験で得られた結果をまとめて書く．

文献引用について

　他の人が書いた論文や本などの文献の内容を紹介する場合は，本文中の具体的な個所には上付けで番号を書き，レポートの最後に参考文献リストをつけるのが正式な書き方である．　例えば「この物質

A の融点は 75℃であり [1]，300℃で気化する．[2]」のように番号を付け，レポートの最後に引用文献として

1) 吉田太郎：物質A，（山口書店，1998）

（著者）　　（タイトル）（出版社　　出版年）本の場合

2) H. Kasano and K. Nozaki: J. Phys. Soc. Yam. 55, 283 (1998)

（著者）　　　　　（掲載雑誌名）（Vol）（ページ）（年）論文の場合

のような参考文献リストをつける．参考文献として本の名前だけ書くのではその本を読者が参考にしようとして探す時に困る．

グラフ用紙使用例

右グラフはレポート例の図2のグラフである．書き方の詳細は「**C.グラフの書き方**」を参照する．グラフ用紙の白い部分にグラフがはみ出すような場合は軸の位置をずらして中に収まるように描く．図は，本文中の適切な場所に入れてもよいが，レポートの最後にまとめてつけてもよい．最後につける場合は，1ページに1つの図を描く．

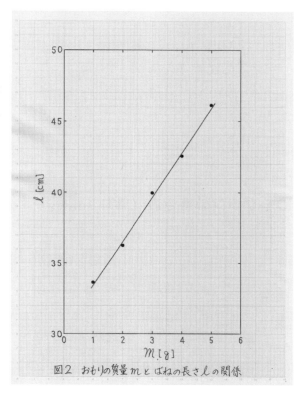

図2　おもりの質量 m とばねの長さ l の関係

B．表の書き方（例）

表の上部に表番号と表のタイトルを記載する．

表番号とタイトル

表1　電源電圧 *V* と回路を流れる電流 *I* の関係

物理量［単位］

単位に含める

V [V]	*I* [mA]
0.99	1.98
1.98	3.97
3.05	6.02
3.95	7.96
5.03	10.00
6.10	12.02

V [V]	*I* [mA]
0.99×10^2	1.98
1.98×10^2	3.97
3.05×10^2	6.02
3.95×10^2	7.96
5.03×10^2	10.00
6.10×10^2	12.02

V [10^2V]	*I* [mA]
0.99	1.98
1.98	3.97
3.05	6.02
3.95	7.96
5.03	10.00
6.10	12.02

枠線等は定規を用いて描く

有効数字に注意

C．グラフの書き方（例）

実験データの図はグラフ用紙に書き，図番号と図のタイトルは図の下部に置く．

（ただし，詳細は分野によって異なる）

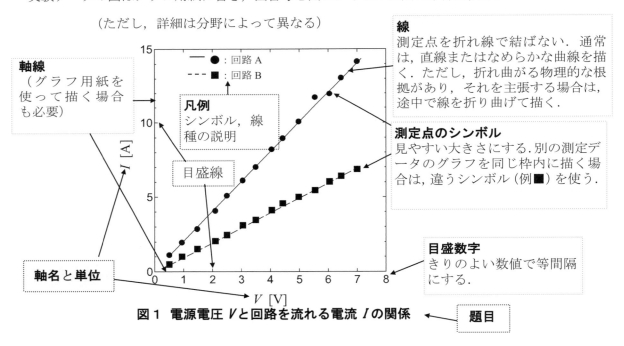

軸線
（グラフ用紙を使って描く場合も必要）

凡例
シンボル，線種の説明

目盛線

軸名と単位

線
測定点を折れ線で結ばない．通常は，直線またはなめらかな曲線を描く．ただし，折れ曲がる物理的な根拠があり，それを主張する場合は，途中で線を折り曲げて描く．

測定点のシンボル
見やすい大きさにする．別の測定データのグラフを同じ枠内に描く場合は，違うシンボル（例■）を使う．

目盛数字
きりのよい数値で等間隔にする．

図1　電源電圧 *V* と回路を流れる電流 *I* の関係

題目

　実験中はグラフ用紙にグラフを描きながら，さらに実験メモを書き入れながら実験を進める．レポートに添付するグラフは目盛り範囲やスケールを考えて，改めてグラフ用紙に描き直す．特に，次で説明する「グラフの傾き」については，作図し直したグラフから再度計算してレポートを作成する．

D．グラフの直線の傾きを求める場合の注意

理論的には比例関係があっても測定値には誤差が含まれるのでばらつきがあり，図2のようにデータは直線上にのらず，直線を延長しても0を通らないこともあるだろう．グラフの傾きを出すのに，任意の2個のデータ（例えば右端と左端のデータ）を使って傾きを求めると，残りの3個のデータは傾きの計算に全く反映しておらず，5個のデータのうち2個だけを使って傾きを求めたことになる．これではせっかく5個のデータを測定した意味がなくなってしまう．比例関係を表す直線を引く時は全ての測定データ点をよく見て，もっとも一致する直線を引き，その**近似直線上の十分離れた任意の2点をグラフから読み取り**，傾きを計算する．この2点は**測定データそのものではない**．

具体的には，**図**2のようなグラフに引いた直線上の離れた2点A, Bの座標を $(a, b), (c, d)$ と読み取った時，

$$傾き = \frac{\Delta y}{\Delta x} = \frac{d-b}{c-a}$$

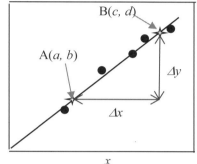

となる．もし，Δx，Δy の片方でも小さいと精度が悪いので，Δx，Δy の双方が大きくなるように**直線の傾きが 45°程度**になるようなグラフを描いて，かつ十分離れた2点を取るとよい．

一般的には，直線関係が成り立つ範囲が限られている場合もあるので，「離れた2点」を測定範囲の外側にすることは控える．

図2　傾きの求め方の例

しかし，やむを得ずに外側に直線を外挿して，例えばy軸の切点を読み取る場合もある．それはテキストの指示に従うこと．

E．共同者の結果の記述

共同者が直接測定した初期データのみを用い，その後の計算などはレポート作成者が独自に行うとよい．このようにすれば，計算に誤りがないかのチェックが可能となる．そのようにして導出した結果をレポートに記述するとよい．

F．パソコンを使ってレポートを書く場合の注意

物理量を表す記号はイタリック体（斜字体）で書く．例えば質量を表す場合によく用いる記号の m は "m" のようにイタリック体（斜字体）で書く．単位はイタリック体では書かない．例えば m [kg]の m はイタリック体で kg はローマン体で書く．

スキャナなどを用いてテキストをそのまま取り込んで貼り付けるようなことはしない．必ず，自分の文章で書く．図についても通常は本などに描かれているものをそのまま複製して無断使用することは著作権上してはいけない．

結果の表やグラフも自分で作成する．その際に，上記**「B．表の書き方」**，**「C．グラフの書き方」**に書かれている約束を守る．

A．重力加速度の測定（ボルダ振子による測定）

1．概要

a．重力加速度

　物体が高いところから低いところへ落下するのは，物体に**重力**が働くからである．重力だけが働いて落下する運動を自由落下運動という．空気中で落下する物体の運動は空気による抵抗力を受けるので自由落下運動にはならないが，真空容器中や，物体の大きさに比べて質量が大きく空気の浮力や抵抗が無視できる場合では自由落下運動とみなせる．地球表面付近で自由落下運動する物体は，質量によらず一定の**加速度**で落下する．この加速度を**重力加速度**といい，**g** という記号で表す（注：**g** のように太字で書いた記号はベクトル量，すなわち，大きさと向きの両方を備えた量であることを意味する．重力加速度の大きさ（ベクトル **g** の絶対値）は $g = |\boldsymbol{g}|$ のように，通常の太さの記号で表す）．この実験では図1の装置を使って実験室における重力の加速度を測定する．

図1　「重力加速度の測定」実験装置の概観

b．万有引力と重力

　惑星の運動に関するケプラーの法則の発見後，ニュートンは惑星運動から，万有引力の存在を導いた．2 つの物体の間には必ず互いの重心を結ぶ向きに引き合う力が働く．これを**万有引力**の法則という．図2のようにそれぞれの物体の質量を m_1, m_2 とし，物体の間の距離を r とすると，万有引力の大きさ F は

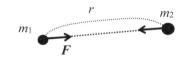

図2　2 つの物体の間に働く万有引力 F

$$F = G \frac{m_1 \, m_2}{r^2} \tag{1}$$

である．ここで，G は**万有引力定数**であり $G = 6.673 \times 10^{-11} \, \mathrm{N \, m^2 / kg^2}$（N は力の大きさを表す単位でニュートンと読む）である．体重 50 kg の 2 人が 0.5 m 離れて向かい合って立っている場合，2 人の間に働く万有引力は $6.673 \times 10^{-7} \, \mathrm{N}$ である．1 N は約 100 g の物体（小さめのりんご 1 個程度）に働く重力の大きさなので，2 人の間に働く万有引力は非常に小さく，体で感じることは不可能である．万有引力が容易に観察されるのは，天体などの大きい質量を持つ物体との間に力が働く場合である．最も典型的で重要な例は，地球と地球上の物体間に働く万有引力であり，これが**重力**である．

　地球表面付近の質量 m の物体は，地球の各部分から m に比例する大きさの万有引力を受ける．地球が半径 R の球で，その中の密度分布も球対称（密度が地球の中心からの距離のみによる）ならば，地球表

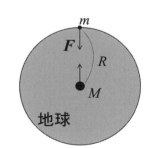

図3　地上の物体と地球との万有引力 F

面上の質量 m の物体が受ける万有引力は，図3のように地球の質量 M が地球の中心に集中しているとみなした万有引力

$$F = G\frac{Mm}{R^2} \tag{2}$$

に等しい.

一方，ニュートンの運動方程式によれば質量 m の物体が力 F を受けた時の加速度 $\boldsymbol{a}$ は

$$m\boldsymbol{a} = \boldsymbol{F} \tag{3}$$

である. また，重力が働いている場合の重力加速度は $\boldsymbol{g}$ である. したがって運動方程式は

$$m\boldsymbol{g} = \boldsymbol{F} \tag{4}$$

である. （2）式と（4）式を見比べると，重力加速度 g の大きさは

$$g = \frac{GM}{R^2} \tag{5}$$

であることがわかる.

ところで，厳密には**重力は万有引力と地球の自転による遠心力の合力**である. 遠心力は，最大となる赤道付近でも万有引力の 1/300 程度と小さいので，普通は無視して，重力は万有引力と等しいと考えることが多い. しかしこの実験をていねいに行えば，遠心力の効果を測定することができる.

この実験で行うこと　＜重力加速度の測定＞

本実験では，図4に示されているボルダ（Borda）振子を用いて振子の周期と長さを測定し，重力加速度を求める.

振子が振動するのは，図5に示されるように，振子が傾いた時に元に戻ろうとする力（復元力）が働くからである. 振子の復元力はおもりに働く重力の分力である. おもりの大きさが無視できて，振子の振れが小さいならば，振子が1回振動する時間（周期）T は振子の長さ l と重力加速度で決まり，

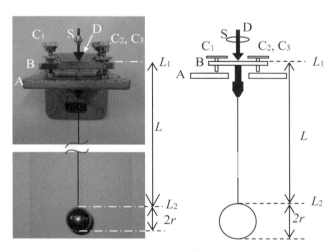

図4　ボルダ振子

$$T = 2\pi\sqrt{\frac{l}{g}} \tag{6}$$

となる. 振子の周期 T は振幅によらず一定となることを振子の等時性という（ガリレオ・ガリレイが1583年，19歳の時に発見した）.

（6）式を変形すると，

$$g = \frac{4\pi^2}{T^2}l \tag{7}$$

となる. 右辺に現れるのは振子の長さ l，振子の周期 T という，測定できる値である. これらを測定す

れば重力加速度 g を計算によって求めることができる．

　ただし（7）式は，振子のおもりの大きさが無視できるほど小さい場合に成立する関係式である．実際にはおもりの大きさが無視できないので，おもりの大きさまで考慮した振子の理論が必要になる．振子自体にも，空気抵抗や支点の摩擦の影響を小さくする工夫が必要である．このような工夫をされた振子の1種がボルダ振子である．

２．原理

ａ．単振子

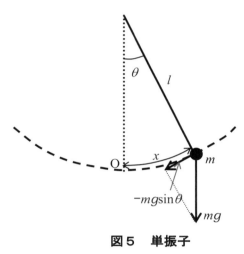

　図5のように軽い糸の先に小さくて十分に重いおもりを吊り下げて，鉛直面内で振動させるものを単振子という（おもりが静止している時の糸の方向，つまり重力の方向を鉛直方向という．鉛直面は鉛直方向を含む面で，例えば図5の場合には紙面が鉛直面になる）．糸の長さを l，おもりの質量を m とする．おもりは半径 l の円弧の上を往復運動する．糸が鉛直方向から角度 θ（単位はラジアン）だけ傾いた時，平衡位置 O から円弧に沿って測定したおもりの位置の変化 x（変位）は，$x=$（半径）×（中心角）$=l\theta$ である．したがって，おもりの加速度の円弧に沿った方向（接線方向）の成分は

$$a = \frac{d^2 x}{dt^2} = l\frac{d^2\theta}{dt^2} \tag{8}$$

と表すことができる．

図5　単振子

　一方，おもりに働く重力は mg である．円弧の接線方向に働く力は重力の分力（接線方向の成分）であり，$-m\,g\,\sin\theta$ である．角度 θ の大きさが小さければ $\sin\theta \cong \theta$ であるから，**運動方程式**（「**6．基礎知識**」を参照する）は

$$ml\frac{d^2\theta}{dt^2} = -m\,g\,\theta \tag{9}$$

となる．両辺を $m\,l$ で割って $\omega^2 = g/l$ とおくと，運動方程式は次の微分方程式

$$\frac{d^2\theta}{dt^2} = -\omega^2\theta \tag{10}$$

になる．この方程式は θ についての微分方程式であり，次の形の解を持つことは（10）式に次式を代入してみれば容易に確認できる．

$$\theta = A\sin(\omega t + \phi) \tag{11}$$

ただし，A と ϕ は定数である．θ は $\pm A$ の範囲で振動するので，A を角度振幅という．ϕ は $t=0$ における θ の値を決める定数で初期位相という．運動の初期条件に合わせて A と ϕ の値を適当に選べば全ての場合を表すことができるので，（11）式を（10）式の微分方程式の一般解という．sin 関数は周期が 2π の周期関数であり，振子の周期 T は ωt が 2π 増加するのに必要な時間だから，

$$T = \frac{2\pi}{\omega} = 2\pi\sqrt{\frac{l}{g}}$$

となり（6）式が導かれる.

b．ボルダ振子

　ボルダ振子では, 糸の代わりに針金を用い, おもりとして半径が r の金属球を使う（図 4 を参照）. 振子の支点は三角稜 D の刃先である. この支点から金属球の上側表面までの針金の長さを L とする. 支点から金属球の中心までの長さ l は $L + r$ である. この場合の周期 T は

$$T = 2\pi\sqrt{\frac{l}{g}\left(1 + \frac{2r^2}{5l^2}\right)} \qquad\qquad (1\,2)$$

となることがわかっている. この式を理論的に導くには, 力学の「剛体」の考え方が必要になるので, ここでは省略する. なお, 振子の長さ l に比べて金属球の半径 r が十分小さい場合,（12）式は（6）式と同じになる.（12）式を $g =$ の形に変形すると

$$g = \frac{4\pi^2}{T^2}l\left(1 + \frac{2r^2}{5l^2}\right) = \frac{4\pi^2}{T^2}(L+r)\left\{1 + \frac{2r^2}{5(L+r)^2}\right\} \qquad\qquad (1\,3)$$

となる. これがボルダ振子の振動から重力加速度 g を求める式である. 右辺に現れる周期 T, 振子の長さ l, 金属球の半径 r を測定すれば, 重力加速度 g を計算によって求めることができる.

3．装置

　ボルダ振子（金属球, 針金, 三角稜, 水平金属板, 固定台（壁に取り付けてある））, 水準器, 巻尺, ノギス, 実験室用望遠鏡, ストップウォッチ

4．方法

　（1）図 4 を参照し, 壁に取り付けられた固定台 A の上に水平金属板 B を置き, 水準器をのせて 3 つのねじ C_1, C_2, C_3 を調節して水平にする（水準器の使い方は**「基本的な測定器具の使い方 6．」**を参照する）.

　（2）金属球を付けた針金を三角稜 D に取り付ける.

　（3）三角稜を水平金属板の上に乗せて針金で金属球を吊るす.

　（4）小さい振幅で振子を振動させ, 目測で 10 周期の時間を 2 回測る. 平均値をとって, おおよその周期 T_1 を求める.

　（5）次に三角稜から針金を取り外し, 三角稜だけを水平金属板の上に乗せ, その振動の周期 T_2 を測る.

　（6）三角稜の頭部にある平衡ねじ S を回して, T_2 が T_1 とほぼ等しくなるように調整する.（4）－（6）の操作は, 三角稜が振子の振動に影響しないようにするためである.

　（7）調整が終わったら, 再び（2）,（3）のように三角稜に金属球を付けた針金を吊るし, 静止状態にする.

　（8）望遠鏡を振子から 1 〜 2 m の所に置き, 十字線の交点を静止している振子の針金に合わせる.

A．重力加速度の測定（ボルダ振子による測定）

合わせる場所は金属球の少し上あたりが望ましい．これは，振子が望遠鏡の十字線を最大速度で横切るようにして，周期の測定精度を上げるためである．

（９）針金の傾きが約3°の角度になるように傾け，静かに放して振子を振動させる．この時，金属球が楕円軌道を描くことなく，鉛直面内で振動するように注意する．なお，3°は $\pi \times 3/180 \cong 0.052$ ラジアンである．これに針金の長さ（約1 m）をかけると 1 m × 0.052 = 5.2 cm なので，振れ幅は約5 cm とすればよい．

（１０）振子の周期 T の測定（ストップウォッチの使い方は**「基本的な測定器具の使い方1．」**を参照する）．

　i)　測定者は望遠鏡で針金の通過を観測する．

　ii)　針金が十字線を通過する瞬間にストップウォッチをスタートさせる．

　iii)　その後は，ii) と同じ方向に針金が通過する回数を数え，10回ごとに190回までの積算タイム（スプリットタイム）を測定する．

　iv)　測定が終わったらストップボタンを押す．

　v)　ストップウォッチのリコール機能を使って積算タイム（スプリットタイム）を記録する．記録するのは，スタートからの経過時間であって，10回振動する時間ではないことに注意する．

　vi)　結果を表にまとめる．振動回数が0と100，10と110…のように100回差のデータを組合せて，100回振動するのに要する時間 $t' - t = 100\,T$ を求める．10組のデータを合計して $1000\,T$ を求め，周期 T を計算する（このように複雑な計算を行うのは，測定した全てのデータを有効に使って計算結果の精度を高めるためである）．

（１１）図6のように巻尺を振子に平行に当て，三角稜の刃の位置 L_1 と金属球の上端の位置 L_2 を読む．三角稜の刃先から下の金具も含めた針金の長さは $L = |L_1 - L_2|$ である．巻尺を当てる位置をずらして5回測定し，平均を出す．

（１２）ノギスで金属球の直径 $2r$ を測る．位置を変えて5回測定し，平均を計算する．支点（刃先）から金属球の重心までの距離は $l = L + r$ である．

（１３）重力加速度を計算する．

（１４）観測者を交代して（8）～（12）の実験を繰り返す．

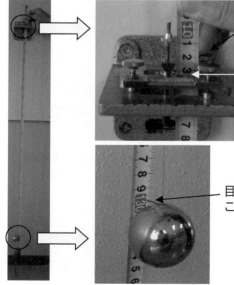

巻尺を支える手が安定するように指先をこのように置くとよい

この位置の目盛を読む

目を球の上端と同じ高さにしてこの位置の目盛を読み取る

図6　針金の長さの測定

36

５．結果

[　]の中には適当な単位を記入する.

（１）三角稜の調整

表 ____ _____

回数	$10T_1$ [　]	$10T_2$ [　]	調整後 $10T_2$ [　]
1 回目			
2 回目			
平均周期	$T_1 =$ 　　 [　]	$T_2 =$ 　　 [　]	$T_2 =$ 　　 [　]

（２）振子の周期

表 ____ _____

回数	時間 t	回数	時間 t'	$t' - t$ [　]	$100T$ の残差 [10^{-2} s]	残差の 2 乗 [10^{-4} s²]
0		100				
10		110				
20		120				
30		130				
40		140				
50		150				
60		160				
70		170				
80		180				
90		190				
		合計 1000 T			残差の 2 乗の和 [10^{-4} s²]	
		平均 100 T			$100T$ の標準偏差 [10^{-2} s]	

１周期の平均値（最確値）　　$T =$　　　　　　　　[　]

T の標準偏差　　　　　　　$\sigma =$　　　　　　　　[　]

標準偏差の計算は「**実験に関する基礎知識２．g**」を参照して，レポート作成時でよい.

A．重力加速度の測定（ボルダ振子による測定）

（3）針金の長さ L と金属球の半径 r

表 ＿＿＿ ＿＿＿＿＿＿＿＿＿＿＿＿

L_1 [ ]	L_2 [ ]	$L=\mid L_1 - L_2 \mid$	$2r$ [ ]
	平均		

$r =$ [   ]

$l = L + r =$ [   ]

（4）重力加速度の計算

$$g = \frac{4\pi^2}{T^2} l \left(1 + \frac{2r^2}{5l^2} \right)$$

$$= \underline{\qquad\qquad} \times \qquad\qquad \times \left(1 + 0.4 \times \underline{\qquad\qquad} \right)$$

$$= \qquad\qquad \times \left(1 + \qquad\qquad \right)$$

$$= \qquad\qquad [\qquad]$$

※本実験では装置は簡単であるが，実験を正しく行うと3桁以上の精度のデータが得られる．1つ1つの測定をていねいに行い，精度を高めることが大切である．なお，円周率はπ＝3.1416として計算せよ．

（5）実験を通して気づいたこと

参考　共同実験者の結果

共同実験者氏名 _____

振子の周期

表 ___ _____

回数	時間 t	回数	時間 t'	$t' - t$ [　]	$100T$ の残差 [10^{-2} s]	残差の2乗 [10^{-4} s^2]
0		100				
10		110				
20		120				
30		130				
40		140				
50		150				
60		160				
70		170				
80		180				
90		190				

| | 合計 1000 T | | 残差の2乗の和 [10^{-4} s^2] | |
| | 平均 100 T | | $100T$ の標準偏差 [10^{-2} s] | |

1周期の平均値（最確値）　$T =$ 　　　　　[　　]

T の標準偏差　　　　　$\sigma =$ 　　　　[　　]

39

A．重力加速度の測定（ボルダ振子による測定）

針金の長さ *L* と金属球の半径 *r*

表 ＿＿＿ ＿＿＿＿＿＿＿＿＿＿＿＿＿＿＿＿＿＿＿

L_1 〔　　　〕	L_2 〔　　　〕	$L=\lvert L_1 - L_2 \rvert$	$2r$ 〔　　　〕
	平均		

$$r = \qquad\qquad 〔\qquad〕$$

$$l = L + r = \qquad\qquad 〔\qquad〕$$

重力加速度の計算

$$g = \frac{4\pi^2}{T^2} l \left(1 + \frac{2r^2}{5l^2}\right)$$

$$= \frac{\qquad\qquad}{\qquad\qquad} \times \qquad\qquad \times \left(1 + 0.4 \times \frac{\qquad\qquad}{\qquad\qquad}\right)$$

$$= \qquad\qquad \times \left(1 + \qquad\qquad\right)$$

$$= \qquad\qquad 〔\qquad〕$$

共同実験者の測定値を転記し，レポート作成時に再度所定の計算を行い，その結果をレポートに書く．

文献による近隣地の重力加速度の大きさ　　　$g = \qquad\qquad 〔\qquad〕$

文献名：　　　　　　　　　　　　　　　近隣地の地名：

実験日時　　　年　　月　　　日（　）天候　　　気温　　　〔℃〕

６．基礎知識

簡単のために図７のように，x軸上を動く物体を考える．

ａ．位置

ある瞬間の物体の**位置**はx座標を用いて表すことができる．位置xは時間tとともに変化するので，xは時間の関数$x(t)$である．図７の例では$x(1.0) = 1.0$, $x(2.0) = 2.5$, $x(3.0) = 7.0$である．

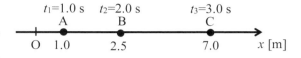

図７　位置と時間

ｂ．平均速度

時間Δtの間に位置がΔxだけ変化したとすると，**平均速度**は，

$$\frac{\Delta x}{\Delta t} \tag{14}$$

である．これは単位時間当りどれだけ位置が変化するか，つまり，**≪単位時間当りの位置の変化率≫**を表す．例えば図７の場合，時刻が$t_1 = 1.0$ s から $t_2 = 2.0$ s の$\Delta t = 2.0 - 1.0 = 1.0$ s の間に，物体は位置 $x_1 = 1.0$ m （A 点）から位置 $x_2 = 2.5$ m（B 点）まで$\Delta x = 1.5$ m 移動しているので，AB 間の物体の平均速度は，

$$\frac{1.5}{1.0} = 1.5 \text{ m/s}^2 \tag{15}$$

である．また，$t_2 = 2.0$ s から $t_3 = 3.0$ s の$\Delta t = 1.0$ s の間には，$x_2 = 2.5$ m（B 点）から$x_3 = 7.0$ m（C 点）まで$\Delta x = 4.5$ m 移動しているので，BC 間の物体の平均速度は，

$$\frac{4.5}{1.0} = 4.5 \text{ m/s}^2 \tag{16}$$

となる．この関係を図８に示している．

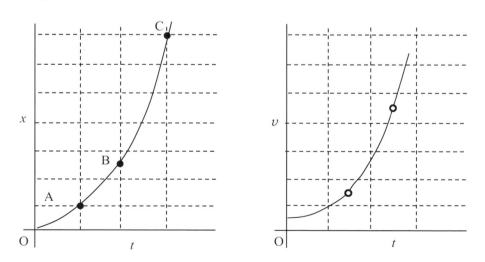

図８　位置xと速度vのグラフ

41

A．重力加速度の測定（ボルダ振子による測定）

c．速度

　実際の運動では動きは速くなったり遅くなったりする．ある**瞬間の速度** v を求めるには（１４）式で$\Delta t \to 0$ の極限をとればよい．これは微分の定義そのものであり，

$$v = \lim_{\Delta t \to 0} \frac{\Delta x}{\Delta t} = \frac{dx}{dt} \tag{17}$$

である．高校の数学では $f(x)$ を x について微分することが多いが，ここでは $x(t)$ を t について微分していることに注意する．

d．加速度

　同様に，時間 Δt の間に速度が Δv だけ変化したとすると，平均の加速度は，

$$\frac{\Delta v}{\Delta t} \tag{18}$$

である．図８の例では，t_1 と t_2 の中間での速度を 1.5 m/s とみなし，t_2 と t_3 の中間での速度を 4.5 m/s とみなすと，平均の加速度は，

$$\frac{\Delta v}{\Delta t} = \frac{4.5-1.5}{2.5-1.5} = 3.0 \text{ m/s}^2 \tag{19}$$

である．**≪単位時間当りの速度の変化率≫**が**加速度** a であり，ある瞬間の加速度は速度同様，

$$a = \lim_{\Delta t \to 0} \frac{\Delta v}{\Delta t} = \frac{dv}{dt} = \frac{d^2 x}{dt^2} \tag{20}$$

と表すことができる．微積分学によると加速度を時間について積分すると速度に戻り，速度を時間について積分すると位置に戻る．このように位置，速度，加速度は互いに時間についての微分・積分で結ばれている．

e．運動方程式

　物体に力が働くと速度が変化する．すなわち，加速度が生じる．質量 m の物体に力 F が働いた時に生じる加速度 a は，

$$ma = F \tag{21}$$

の関係を満たす．この式は物体の運動を決定する重要な方程式で，**ニュートンの運動方程式**という．同じ力を加えても，質量が大きい物体ほど動かしにくく，止めにくいことは日常生活でもよく経験することである．これは加速度の大きさが質量に反比例しているからで，（２１）式を書き換えた $a=F/m$ はこのことをよく表している．重力 $F=mg$ の場合には，$a=mg/m=g$ である．g は重力によって生じる加速度なので**重力加速度**と呼ばれ，物体の質量に依らず一定である．

　なお，（２０）式でみたように加速度 a は位置 x の時間についての２階微分であるので（２１）式は，

$$\frac{d^2 x}{dt^2} = \frac{F}{m} \tag{22}$$

と書くことができる．このように，変数を微分した量に関する方程式を**微分方程式**という．

　図５の単振子では，円周に沿っての原点 O からの距離 x は半径 l と角度 θ（ラジアン単位）の積であ

42

るので，$x = l\theta$と書くことができる．半径 l が一定の場合，

$$\frac{dx}{dt} = l\frac{d\theta}{dt}$$

$$\frac{d^2x}{dt^2} = l\frac{d^2\theta}{dt^2} \tag{23}$$

であるので，円周に沿っての加速度 a は（8）式となる．

f．三角関数

図9において実線の曲線は

$$x = \sin\phi \tag{24}$$

のグラフを示す．$\sin\phi$ の1階微分（曲線の傾き）は点線のような曲線であり，これも三角関数

$$\frac{dx}{d\phi} = \cos\phi \tag{25}$$

である．なぜならば，ある ϕ のところでの微分（曲線の傾き）は

$$\frac{dx}{d\phi} = \lim_{\Delta\phi\to0}\frac{\sin(\phi+\Delta\phi)-\sin\phi}{\Delta\phi} = \lim_{\Delta\phi\to0}\frac{\sin\phi\cos\Delta\phi+\sin\Delta\phi\cos\phi-\sin\phi}{\Delta\phi} = \cos\phi \tag{26}$$

であるからである．ここで，三角関数の加法定理と下記の注に記している極限値を使った．さらに，

$$\frac{d^2x}{d\phi^2} = \frac{d}{d\phi}(\cos\phi) = -\sin\phi \tag{27}$$

となる．また，$\phi = \omega t$ の時，

$$\frac{dx}{dt} = \frac{dx}{d\phi}\frac{d\phi}{dt} = \cos\phi\frac{d(\omega t)}{dt} = \omega\cos\omega t$$

$$\frac{d^2x}{dt^2} = -\omega^2\sin\omega t = -\omega^2 x \tag{28}$$

となる．これは，（10）式と同じ形の微分方程式であり，$x = \sin\omega t$ はこの微分方程式の1つの解である．

注： $\displaystyle\lim_{\Delta\phi\to0}\frac{\sin\Delta\phi}{\Delta\phi} = 1$, $\displaystyle\lim_{\Delta\phi\to0}\frac{\cos\Delta\phi-1}{\Delta\phi} = 0$

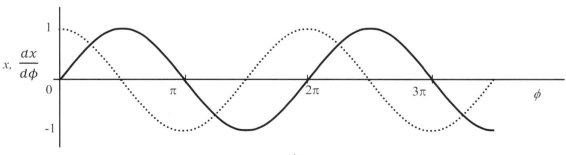

図9 $x = \sin\phi$（**実線**）と $\dfrac{dx}{d\phi} = \cos\phi$（**点線**）のグラフ

43

B．ヤング率の測定（たわみの方法）

1．概要

a．物体の硬さ

私たちは日常生活において「硬い」「やわらかい」という表現をする．物体に外から力を加えると変形する．硬い物質は変形しにくく，やわらかい物質は変形しやすい．この性質を実験によって確認し，具体的な数値として求めてみよう．

物質の変形しやすさ・しにくさを表す方法はさまざまである．この実験では，図1の装置を用いてヤング率（弾性率）を測定する．金属などの多くの固体は，変形が小さい時は，外からの力を

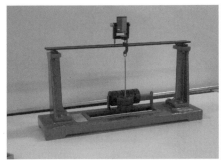

図1　「ヤング率の測定」実験装置の概観

取り除くと元の形に戻る．この性質を弾性といい，弾性を示す固体を弾性体という．そして，加えた力の大きさ（荷重）と変形の大きさ（ひずみ）の関係を表す値がヤング率である．ヤング率が大きい物体は力を加えても変形しにくい．

ところで，加える力を大きくしていくと，ある大きさの力を境にしてあらゆる物質は変形したまま元に戻らなくなってしまう．これを弾性限界と呼ぶ．ヤング率を適用できるのは荷重が十分小さく，変形も小さい範囲である．この実験は弾性限界内で行う．

この実験で行うこと　＜ヤング率の測定＞

本実験では長さ 40 cm 程度の銅と鋼の 2 種類の金属板を実験材料として使う．金属板に重りを吊るし荷重をかけたわませる．そのたわみの量を光学てこを用いて測定し，それぞれの金属のヤング率を求める．

2．原理

a．ヤング率の定義

弾性体に働く力が小さい時，弾性体の単位長さ当りの伸び（ひずみ）は，加えた力の方向と垂直な断面に働く単位面積当りの力（応力）に比例する．これをフックの法則と呼ぶ．長さ l，断面積 S の弾性体を力 F で引っ張った時，長さが Δl だけ伸びたとすると，

$$\frac{F}{S} = E\frac{\Delta l}{l} \tag{1}$$

の比例関係が成り立ち，比例係数 E をヤング率という．このように定義すると，ヤング率は弾性体の長さや断面積によらず，物質固有の量になる．

b．ヤング率を実験で測定する方法

図2のように，幅 b，厚さ d の金属板（弾性板）の両端近くを，距離 l だけ離れた 2 つの平行な刃先 C,D で水平に支え，その中央に質量 M のおもりをかける．すると棒はたわんで下側は伸び，上側は縮

む．金属板の中央が降下する距離（たわみの大きさ）λにはヤング率が関係しており，理論的には

$$\lambda = \frac{l^3}{4bd^3}\frac{Mg}{E} \tag{2}$$

で与えられる．gは重力加速度であり，$Mg = F$が荷重である．l, b, d, Mそしてλを測定すれば，ヤング率Eが計算できる．

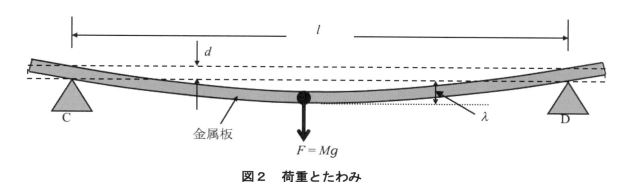

図2　荷重とたわみ

ｃ．光学てこによる精度よい測定

　この実験ではEwingの装置（同一の高さにある2つの平行な鋼の刃先C, Dを有する装置）を利用して，金属板のたわみλを光学てこを用いて測定する．光学てこは，長さや高さの微小な変化を測定する方法の1つで，三脚付き鏡（図3），スケール付き望遠鏡などを配置した方法を総じてこのように呼ぶ（**「基本的な測定器具の使い方 5．」**を参照する）．

　鏡の前脚Pを測定しようとする金属板の上にのせ，後脚Q, Q′はそれとほぼ同じ高さにある固定した台の上に置く（図4参照）．金属板がたわんでλだけ降下すると，鏡はQQ′線を軸としてわずかな角度θ（単位はラジアン）だけ傾く．前後の脚の間隔（PからQQ′線におろした垂直距離）をhとすれば

$$\lambda = h\theta \tag{3}$$

である．θはスケール付望遠鏡で測定する．図4からわかるように，鏡がθだけ回転したために鏡で反射したスケールの読みがS_0からSに変化した場合，

$$|S - S_0| = 2\theta D \tag{4}$$

である．Dは鏡からスケールまでの距離である．たわみλ，あるいは回転した角度θは微小であっても，Dが大きいために，$|S - S_0|$が相当大きくなり，精密に測定できる．たわみλは

$$\lambda = \frac{h}{2D}|S - S_0| \tag{5}$$

として求められる．

3．装置

　Ewingの装置，スケール付き望遠鏡，三脚付き鏡，おもり（7個），おもりをかける器具（図4のT），マイクロメーター，ノギス，ものさし，メジャー，電子天秤，金属板2枚（銅，鋼）

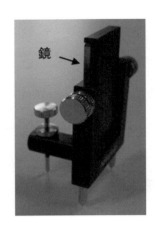
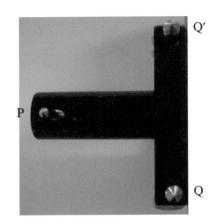

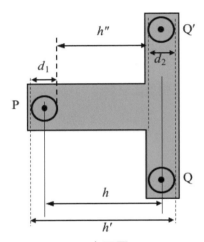

図3 三脚付き鏡および脚の間隔

4．方法

実験は，セットアップ，測定，結果の整理の3ステップからなる.

a．セットアップ（事前準備）

（1）測定する金属板をA，もうひとつをBとする．まず，Aの幅をノギスで，厚みをマイクロメーターで5ヶ所以上測り，それぞれの平均値をbとdとする．また，Ewingの装置の刃先CD間の距離lをものさしで測定する.

（2）三脚付き鏡の脚Pと脚QQ′の間隔hを測定する．脚の先端のとがった部分の間隔を測定する必要があるが，それは直接測定できない．そこで図3を参照して，それぞれの脚の外側の間隔（h'）と，脚の直径（d_1, d_2）をノギスで測り，

$$h = h' - \frac{d_1 + d_2}{2} \qquad (6)$$

としてhを求める.

46

（注意：これらの測定結果が最終的な測定結果の精度を決めるので，どの測定も慎重に行う必要がある．ノギスとマイクロメーターの使い方は，本書の「**基本的な測定器具の使い方　3．と4．**」で説明されている．）

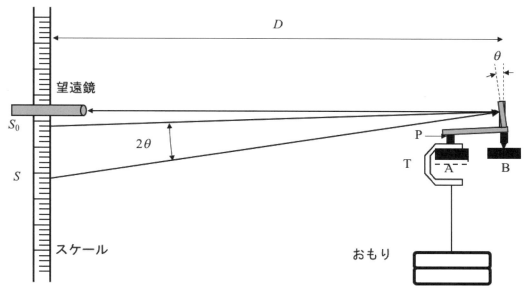

図4　スケール付き望遠鏡と三脚付き鏡の配置（光学てこによる測定）

（3）図4のように刃先 CD 上に金属板 A を置き，補助として使用する金属板 B を A に平行に置く．A の中央部におもりをつるす器具 T をかける．

（4）三脚付き鏡を金属板 A と B にまたがらせて置く．この時，鏡の脚 P は器具 T の穴を通して A の上に，残りの2本の脚 Q, Q′ は B の上にのせる．鏡は丁寧に扱うことが大変重要である．両手で支えるようにして，決して落としてはいけない（落として曲がると，測定精度が確実に悪化する）．

　この後おもりを器具 T にかけていく．安定した測定を行うために，鏡の脚が金属板の中央に置かれていること，器具 T が斜めになったり外れかかったりしていないことを確認する．

（5）スケール付き望遠鏡を1m以上離した位置に置く（図4を参照）．鏡に映ったスケールを望遠鏡で観測し，その値を読み取れるよう調整する．

　この調整は，初めて実験する人には難しく感じられるだろう．調整の方法は本書の「**基本的な測定器具の使い方　5．**」で説明されている．ここでは簡単に説明しよう．実物がないと理解が困難なので，予習の段階では以下は読み飛ばしてよい．

i)　まず，「鏡に映ったスケールの値を，望遠鏡で測定する」ということをよく理解する．

ii)　望遠鏡のすぐ近くに自分の目をよせて，鏡を見てみる．スケールが映って見えるか確認し，見えていれば iii) に進む．見えていなければスケールが見えるように調整する．調整には，三脚付き鏡を動かす，スケール付き望遠鏡の位置を動かす，という2つの方法がある．どちらも，十分慎重に，両手で支えながら少しずつ動かす．決して装置を倒したりぶつけたりしてはならない．

iii)　望遠鏡を鏡に向ける．そのためには望遠鏡を固定するねじを少しゆるめて動かす方法と，

B. ヤング率の測定（たわみの方法）

微動ねじでゆっくり動かす方法がある．**「基本的な測定器具の使い方　５．」**を参考にし，望遠鏡の方向を調整する微動ねじの動作をよく考え理解して使う．

iv) 望遠鏡を覗き，鏡に映ったスケールが見えるように，ピントを調整する．どんなにピントを調整してもスケールが見えないなら，②に戻って自分の目で見ながら調整する．スケールが見えたら，次に望遠鏡の視野の中央にスケールがくるように微動ねじを使って望遠鏡の向きを調整する．

v) 望遠鏡の視野に十字線がはっきりと見えているか確認し，見えていなければ接眼部をまわして調整する（調整できないものもある．どうしてもうまくいかない場合は担当者に相談する）．

vi) 望遠鏡の視野の中央にスケールがはっきり見えることを確認したら，十字線の交点のスケールの値を読んでみる．目盛の 10 分の 1 まで正しく読み取れることを確認する．もし机の振動が測定に邪魔になるなら，振動をへらす工夫をする．例えば机には手を触れない，周囲の人に静かにしてもらう，窓を閉めて風が入らないようにする，などである．

（６）鏡とスケールの間の距離 D を，メジャーを使って測定する．せっかく調整した望遠鏡の向きをずらしたり，鏡を落としたりしないように，測定は慎重に行う．D の値の精度もやはり最終的なヤング率の精度を左右する．

ｂ．測定

　以下の測定中に鏡や望遠鏡が動いてしまったら，望遠鏡の調整から全てやり直しである．慎重にていねいに測定を行うこと，これが高精度の結果につながる．

（１）最初に，おもりをかけない場合のスケールの値 S_0' を読み取る．

（２）おもりを 1 個とって，電子天秤で質量を測定する（電子天秤の使い方は，本書の**「基本的な測定器具の使い方　２．」**を参照する）．そのおもりを静かに器具 T にのせる．

（３）スケールの値 S_1' を読み取る．

（４）これをおもり 7 個まで繰り返し，$S_2', S_3', ..., S_7'$ を読み取る．

（５）次は逆に，おもりを減らしながら同じ測定を行い，$S_7'', S_6'', ..., S_0''$ を読み取る．当然，S_7' と S_7'' は同じ値になりそうだが，それぞれ測定する．

ｃ．結果の整理

　まず，金属板に加えた力が弾性限界内であったことを確認しよう．そのためには，加えた力とたわみの大きさが比例関係にあればよい．

（１）各おもりの個数について，おもりの質量の合計 M を計算する．後の計算のために，ここでは M を[kg]の単位に統一しておこう．（例：212.3 g → 0.2123 kg）．

（２）各おもりの個数について，スケールの読み S_n' と S_n'' の平均値 S_n を計算する．

（３）おもりをかけない場合を基準として，スケールの読みの変化 $|S_n - S_0|$ を求める．

（4）各おもりの個数に対するたわみを

$$\lambda_n = \frac{h}{2D}|S_n - S_0| \tag{7}$$

によって計算する．当然ながら，計算を行う時には全て単位をそろえておくことが必要である．後の計算のために，ここでは h, D, S_n を全て[m]の単位に換算して計算しよう．

（5）おもりの質量の合計 M とたわみ λ_n の関係をグラフに描き，原点を通る比例関係になっていることを確認する．比例になっていない場合は，その意味をよく考えてみる．測定に誤りがあったと考えられる場合は測定をやり直す．

ヤング率を計算する．

（6）荷重とたわみの関係のグラフに最もよく一致する直線を引く．その直線は

$$\lambda = \alpha M \tag{8}$$

として表される．傾き α の値をグラフから読み取る．この値は 1 kg の荷重を加えた時に発生するたわみの大きさを表している．

（7）（8）式と（2）式を比較すると

$$\alpha = \frac{l^3 g}{4bd^3 E} \tag{9}$$

という関係があることがわかる．これからヤング率 E は

$$E = \frac{l^3 g}{4bd^3 \alpha} \tag{10}$$

と表せる．この式と測定した b, d, l, α の値からヤング率 E を計算する．ただし，重力加速度 g の値は 9.797 m/s^2 を用いる．

測定者を交代して，金属板 A と B を入れかえて同様な測定を行う．

５．結果 　　（［　　　］の中には適当な単位を記入すること．）

（1）測定した金属板の種類　　　＿＿＿＿＿＿＿

（2）金属板の幅と厚さ，Ewing の装置の刃先の間隔

表 ___ ＿＿＿＿＿＿＿＿＿＿＿＿＿＿＿＿＿＿＿＿＿＿＿＿＿＿＿

回	b ［　　］	d ［　　］	l ［　　］	d の残差[10^{-6} m]	d の残差の2乗 [10^{-12} m^2]
1					
2					
3					
4					
5					
平均				残差の2乗の合計	

（ d の値の測定精度は標準偏差を計算して議論する．標準偏差の導出は**「実験に関する基礎知識」**の

「2．測定値と誤差，有効数字」の**「g．平均値と標準偏差」**を参照し，レポート作成時に行う．)

d の平均値（最確値）　　$d =$　　　　　　　　　［　　　　］

標準偏差　　$\sigma = \sqrt{\dfrac{残差の2乗の合計}{測定回数-1}} = \sqrt{\dfrac{}{}} =$　　　　　　　　　［　　　　］

（3）三脚付き鏡の脚の間隔

$h' =$　　　　　［　　　］ , 　　$d_1 =$　　　　　［　　　］ , 　　$d_2 =$　　　　　［　　　］

$h = h' - \dfrac{d_1 + d_2}{2} =$　　　　　　　$- \dfrac{ + }{2} =$　　　　　　［　　　］

（4）三脚付き鏡とスケールの間の距離　$D =$　　　　　　　［　　　］

（5） おもりの質量，スケールの読み，金属板のたわみ

表 ____ _____

おもり の個数 n	おもり 1個の 質量 [kg]	おもりの 質量の合計 M[kg]	スケールの読み		スケール の読みの 平均値 S_n [　]	$\lvert S_n - S_0 \rvert$ [　]	λ_n [　]
			S_n' [　]	S_n'' [　]			
0	0	0					
1							
2							
3							
4							
5							
6							
7							

（6） おもりの質量の合計 M と金属板のたわみ λ_n の関係のグラフ

図____ _____

（グラフから読み取れることを記述する）

（7） グラフの傾きα

　　　 グラフの直線上の２点 　（　　　　　，　　　　　）（　　　　，　　　　　）より

$$\alpha = \frac{\quad - \quad}{\quad - \quad} = \frac{\qquad}{\qquad} = \qquad\qquad [\quad\quad]$$

（8） ヤング率 E

$$E = \frac{l^3 g}{4bd^3\alpha} = \underline{\hspace{8cm}}$$

$$= \underline{\hspace{5cm}}$$

$$= \qquad\qquad [\quad\quad]$$

51

（9）実験を通して気づいたこと

実験日時　　　年　　月　　日（　）　天候　　　気温　　　[℃]

参考　共同実験者の結果

共同実験者氏名＿＿＿＿＿＿＿＿＿＿＿＿＿＿＿＿＿＿

測定した金属板の種類　　　　＿＿＿＿＿＿＿

金属板の幅と厚さ，Ewing の装置の刃先の間隔

表＿＿＿＿＿＿＿＿＿＿＿＿＿＿＿＿＿＿＿＿＿＿＿

回	b [　]	d [　]	l [　]	d の残差[10^{-6} m]	d の残差の2乗 [10^{-12} m²]
1					
2					
3					
4					
5					
平均				残差の2乗の合計	

※測定値のみを転記し，所定の計算はレポート作成時に再度各自が行う．結果はレポートに記載する．

d の平均値（最確値）　　　$d =$　　　　　[　　　]

標準偏差　　　$\sigma = \sqrt{\dfrac{\text{残差の2乗の合計}}{\text{測定回数} - 1}} = \sqrt{\rule{3cm}{0pt}} =$　　　[　　　]

52

三脚付き鏡の脚の間隔：

$h' = $ 　　　　 [　　　], $d_1 = $ 　　　　 [　　　], $d_2 = $ 　　　　 [　　　]

三脚付き鏡とスケールの間の距離 $D = $ 　　　　 [　　　]

おもりの質量，スケールの読み，金属板のたわみ

表 ____ _____

おもりの個数 n	おもり1個の質量 [kg]	おもりの質量の合計 M [kg]	スケールの読み		スケールの読みの平均値 S_n [　]	$\|S_n - S_0\|$ [　]	λ_n [　]
			S_n' [　]	S_n'' [　]			
0	0	0					
1							
2							
3							
4							
5							
6							
7							

※測定値のみを転記し，所定の計算やグラフの作成はレポート作成時に再度各自が行う．結果はレポートに記載する．

おもりの質量の合計 M と金属板のたわみ λ_n の関係のグラフ

図____ _____

（グラフから読み取れることを記述する）

グラフの傾き α

グラフの直線上の２点 （　　　　，　　　　）（　　　　，　　　　）より

$$\alpha = \frac{\quad - \quad}{\quad - \quad} = \frac{\quad}{\quad} = \qquad\qquad [\quad]$$

B. ヤング率の測定（たわみの方法）

ヤング率 *E*

$$E = \frac{l^3 g}{4bd^3\alpha} = \underline{\hspace{8cm}}$$

$$= \underline{\hspace{6cm}}$$

$$= \qquad\qquad [\qquad]$$

６．基礎知識

実験結果の計算方法

　ヤング率の計算では，さまざまな長さや重さを使った計算を行う．この実験に限らず，数値を使って計算する時に注意すべき点が 2 つある．1 つは **cm と m を混ぜて計算をしない**．測定値を m, kg, s に換算して統一してから計算を始めることが必要である．もう 1 つは**計算結果を 1 つずつ紙に書いて残し，後で検算できるようにする**．たったこれだけの計算だが，多くの人が間違えるようである．また，指数部（10^n の n）のある計算を行う場合には，指数部を別にして計算をするのが望ましい．

C．表面張力の測定（ジョリーのばね秤による方法）

1．概要

コップに水をあふれそうになるぎりぎりまで入れると，水はコップのふちから盛り上がる．これは表面張力が存在するためである．乾いた1円玉を注意深く水面に置くと，1円玉は水面上に浮いたままになる．これも表面張力の仕業である．このように，表面張力が関係する現象は日常生活のいたるところで見られる．この表面張力の測定は図1の装置で行う．

さて，水などの液体の表面は液体内部とは異なった性質を持つ．図2のように液体の分子は，近くにある別の液体分子に引っ張られている．液体内部の分子は，周囲の液体分子が平均的に全ての方向に（等方的に）存在するので，あらゆる向きにほぼ同じ力で引っ張られる．したがって，これらの**力はつり合っている**．しかし，液体表面の分子は，液体内部にある分子だけから引っ張られるので液体内部に向かう力が働く（実際は空気中の気体分子との間に働く力が存在するがその力は小さいので無視できる）．その結果，表面には常に表面を小さくするような力が働く[1]．これが表面張力の起源である．特に**重力**（「**A．重力加速度の測定**」を参照する）などの外力が無視できる場合（例えば宇宙空間），液体は表面積の最も小さい球形になる．表面張力 T は表面の単位長さ当りに働く力で定義される（単位は［力／長さ］である）．（注：T のように太字で書いた記号はベクトル量，すなわち，大きさと向きの両方を備えた量であることを意味する．その大きさのみ，すなわち，絶対値を$|T| = T$のように通常の太さの記号で表すことがある．）

1）藤城　敏幸　著　「生活の中の物理」　（1988年　東京教学社）

図1　「表面張力の測定」実験装置の概観

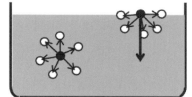

図2　液体の分子間に働く力[1]

この実験で行うこと　＜水とエタノールの表面張力の測定＞

本実験では，図3のジョリーのばね秤を用いて，荷重をかけた際のばねの伸びを測定しばね定数を求める．次に，図4のように金属環を浸した液体が環を引き下げる際のばねの伸びと液膜の高さを測定し，水とエタノールの表面張力を求めそれぞれの大きさを比較する．

図4のように環のふちを水平に保ち，環を水に浸して，これを静かに引き上げると水は環に沿って膜状に引き上げられる．環を徐々に引き上げ，膜がまさに切れようとする状態では，引き上げる力 F は「表面張力 T が環を引き下げる力」＋「水膜に働く重力 W」とつり合う．

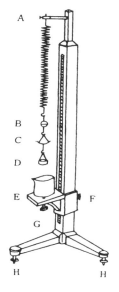

図3　ジョリーのばね秤

C. 表面張力の測定（ジョリーのばね秤による方法）

本実験では引き上げる力 F は，ばねが元の長さに戻ろうとする力（復元力）を利用して求める．引き上げる力の大きさ F は，ばねの**ばね定数** k と**ばねの伸び** Δl を用いて，$F = k\Delta l$ と表されるので，ばねの伸びを測定すれば F を求めることができる．水膜に働く重力 W を無視すると，金属環の内直径 d_1 と外直径 d_2 を測定することにより，

$$T' = \frac{k\Delta l}{\pi(d_1+d_2)} \tag{1}$$

により表面張力のおおよその値 T' を求めることができる（詳しくは次の「**2．原理**」を参照する）．

2．原理

表面張力 T は表面に働く単位長さ当りの力で定義される．したがって図4のように，金属環を水に浸してこれを静かに引き上げる場合，環の内周と外周にはそれぞれ（円周の長さ）×T の力が働く．つまり，環の内径と外径をそれぞれ d_1, d_2 とすると，$\pi d_1 T$ と $\pi d_2 T$ の力が表面張力によって下向きに働くので，「表面張力 T が環を引き下げる力」は

$$\pi(d_1 + d_2)T \tag{2}$$

となる．

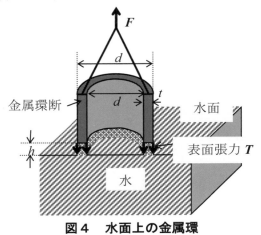

図4　水面上の金属環

また，「水膜に働く重力」W は，（水膜部分の体積）×（水の密度）×重力加速度で与えられる．従って，水膜の高さを h，水の密度を ρ，重力加速度を g，環の厚さを t とすると，水膜部分の体積は $\pi(d_2/2)^2 h - \pi(d_1/2)^2 h$ であるので，

$$W = \frac{\pi h}{4}(d_2{}^2 - d_1{}^2)\rho g = \pi h \frac{d_2+d_1}{2}\cdot\frac{d_2-d_1}{2}\rho g = \pi h \frac{d_2+d_1}{2}\cdot t\rho g \tag{3}$$

と計算できる．ここで最後の変形は，環の厚さが $t = (d_2 - d_1)/2$ であることを使った．

本実験では金属環を引き上げる代わりに，水の入った容器を降下させ，環を引き下げている力の大きさ F をばねの弾性力（復元力）によって測定することにより，表面張力を測定する．水膜がまさに切れようとする時のばねの伸びを Δl，ばね定数を k とすると，

$$F = k\Delta l \tag{4}$$

となる．

以上より，力のつり合い「引き上げる力」＝「表面張力」＋「水膜に働く重力」は，

$$F = k\Delta l = \pi(d_1 + d_2)T + W \tag{5}$$

となる．よって，水膜に働く重力を考慮に入れた表面張力の大きさ T は

$$T = \frac{k\Delta l}{\pi(d_1+d_2)} - \frac{W}{\pi(d_1+d_2)} = T' - \Delta T \tag{6}$$

となる．ここで第1項は(1)式で与えられた表面張力のおおよその値 T' であり，第2項が重力 W による補正項

$$\Delta T = \frac{W}{\pi(d_1+d_2)} \tag{7}$$

である．

３．装置

　　ジョリーのばね秤，ビーカー，１gの分銅５個，ピンセット，ノギス，温度計，
純水製造装置（流し台のイオン交換水製造装置）

４．方法

（１）ノギスを用いて，金属環の内径 d_1，外径 d_2 を測定し，厚さ t を計算により求める．環の同一
　　　直径上（同じ場所）の内径と外径を１組として，測定場所を変えて数組の内径と外径を測定す
　　　る．ノギスの使い方は，本書の「**基本的な測定器具の使い方　４**」を参照のこと．ノギスでの
　　　内径，外径測定時は，金属環が薄いので変形しないように注意し，<u>100分の5mm単位まで測</u>
　　　<u>定する</u>．

（２）金属環の下端（水に浸かる部分）を重曹（炭酸水素ナトリウム）でよく磨き，純水（イオン
　　　交換水）で洗浄する．金属環に油脂分などが付着していると水をはじくので，表面張力を精度
　　　よく測定できない．これ以降，金属環の下端は手で触らないように注意する．

（３）図３のように，ばねに指標 B，皿 C，金属環 D を吊るす．

（４）ばね定数 k を次の手順で測定する．

　　ⅰ）ばねを静止させ，指標 B の位置を鏡尺で読む．

> 注意：鏡尺を読み取る時は，指標の正面に目を置くことが大切である．そのためには，鏡尺
> に映った瞳と指標，それに実物の指標，この３つが重なるように目の高さを調節して，目盛
> を読み取るようにすればよい．最小目盛りの1/10（0.1mm）まで読みとること．

　　ⅱ）次に１gの分銅を１個から５個まで順次皿 C にのせ，各静止点 S' を読む．引き続き分銅を
　　　　５個から０個まで順次減少させ，各静止点 S'' を読む．

　　ⅲ）分銅を増加させる場合 S' と減少させる場合 S'' で平均をとり，各分銅の個数における静
　　　　止点の位置（指標の読み）S を計算する．

　　ⅳ）分銅 m [g]に対する指標の位置 S をグラフに描く（横軸に指標の読み S，縦軸に分銅の質量
　　　　m）．グラフはグラフ用紙１枚に大きく書くこと．さらに，傾きを精度良く計算するため，
　　　　S の目盛りは０から取らず，データの範囲内を取ること．

　　ⅴ）測定点が直線状に並ぶことを確認し，ばね定数 k を，直線の傾き β を使い，

$$k = m\,g/\Delta S = (m/\Delta S) \cdot g = \beta\,g$$

　　　　により求める．傾き β を求めるとき，測定データを使わず，グラフの直線上の離れた２点
　　　　を取って計算する．ただし，$g = 9.797\,\mathrm{m/s^2}$ とする．k の単位は［N/m］なので，計算では長
　　　　さの単位，質量の単位は，それぞれ **m，kg** に合わせる．（「**６．基礎知識**」参照）

（５）水を入れる容器（ビーカー）をよく洗浄する．最初は水道水で洗い，その後，純水（イオン交
　　　換水）ですすぐ．これに純水を入れ，台 E にのせる．

（６）水膜がまさに切れようとするときのばねの伸び Δl，および水膜の高さ h を，次の手順で測定
　　　する．Δl の有効数字が全体の有効数字を左右するので，<u>0.1mm単位まで測定する</u>．

　　ⅰ）金属環を水に浸けない時の指標の読み l_0 を読み取る．

　　ⅱ）台を上げて金属環の下端を水に浸ける．次に台の下部のつまみ G を使用して台を徐々に下

ろし，水面を引き下げていくと，金属環は次第に引き下げられ，最終的には水膜が切れて金属環は飛び上がる．飛び上がる直前のばねが最も伸びた状態での指標の位置 l を読み取る．

iii) この i), ii) の操作を繰り返し，l_0，l の測定を5回行う．ばらつきを少なくするよう集中して測定すること．

iv) $\Delta l = l - l_0$ を計算し，l_0, l, Δl の平均値を計算する．

v) 水膜がまさに切れようとするときの水膜の高さ h の値を目測で測定する．

（7）水温を測る（表面張力は温度によって異なるので，測定した温度を記録しておく）．

（8）表面張力を計算する．計算の際，長さの単位を m に合わせることに注意．

i) （1）式を用いて水膜に働く重力 W を無視した表面張力の大きさ T' を計算する．

ii) （3）式を用いて水膜に働く重力のおおよその値 W を計算し，さらに（7）式を用いて W による補正項 ΔT を計算する．

iii) （6）式を用いて，水膜に働く重力 W を考慮に入れた場合の表面張力 T を計算する．水の密度は $\rho = 1.00 \times 10^3$ kg/m^3 とし，温度変化は無視する．

iv) 水膜に働く重力 W による補正項の程度 $\Delta T / T$ を計算し，i) で求めた W を考慮に入れない場合の表面張力 T' と比較・考察する．

（9）測定者を交代して，エタノールについて同様の測定を行う．水の表面張力の測定に使用したビーカーは，1度エタノールですすいだ後に使用する．エタノールはビーカーに深さ5 mm 程度入れて測定を行う（大量に入れてはいけない）．ただし，エタノールの密度は $\rho = 7.89 \times 10^2$ kg/m^3 とし，温度変化は無視する．測定後，使用したエタノールは廃液のビンに入れること．

５．結果　　　　　　　　［　　］の中には適当な単位を記入する．

（1）金属環の内径と外径および厚さ

表 ＿＿＿ ＿＿＿＿＿＿＿＿＿＿＿＿＿＿＿＿＿＿＿＿＿

回	外径 d_2 ［　　　］	内径 d_1 ［　　　］	環の厚さ t ［　　　　］
1			
2			
3			
4			
5			
平均			

（2）分銅をのせたときの指標 B の位置 S

表 ____ _____

分銅の質量 m 〔 〕	指 標 の 読 み S		
	増加させる場合 S' 〔 〕	減少させる場合 S'' 〔 〕	平均値 $S = (S' + S'')/2$
0			
1			
2			
3			
4			
5			

（3）指標の読み S と分銅の質量 m の関係のグラフ

（左下隅を $(0, 0)$ とせず，データ範囲のみを大きく書くこと）

図____ _____

（グラフから読み取れることを記述する）

- -

- -

- -

- -

（4）S と m の関係のグラフの傾き β および，ばね定数 k の値　＜単位を合わせることに注意＞

グラフの直線上の 2 点（　　　　，　　　　），（　　　　，　　　　）より

$$\beta = \frac{ - }{ - } = \frac{}{} = \qquad\qquad \text{〔　　　〕}$$

ばね定数　$k = \beta g = \qquad\qquad = \qquad\qquad$ 〔　　　〕

C. 表面張力の測定（ジョリーのばね秤による方法）

水の場合　　　　　　　水温　　　　　　　［℃］

（5）l と l_0，および h　　　　　　　　　　測定者氏名　（　　　　　　　　　　　　）

表 ____　_____

回	l_0 　［　　］	l 　［　　］	$\Delta l = l - l_0$ 　［　　］
1			
2			
3			
4			
5			
平均			

水膜の高さ h の目測値　　　$h =$　　　　　　　　　　　［　　　　　　］

（6）表面張力 T'（水膜に働く重力 W を無視）　＜単位を合わせることに注意＞

$$T' = \frac{k\Delta l}{\pi(d_1+d_2)} = \text{\underline{\hspace{6cm}}} =$$

$$T' = \text{\hspace{4cm}} ［\text{\hspace{2cm}}］$$

（7）水膜に働く重力 W のおよその値および，W を無視したことによる補正項 ΔT

$$W = \pi h\frac{d_1+d_2}{2}t\rho g = \text{\underline{\hspace{6cm}}} =$$

$$W = \text{\hspace{4cm}} ［\text{\hspace{2cm}}］$$

$$\Delta T = \frac{W}{\pi(d_1+d_2)} = \text{\underline{\hspace{6cm}}} =$$

$$\Delta T = \text{\hspace{4cm}} ［\text{\hspace{2cm}}］$$

60

（８）エタノール膜に働く重力 W を考慮に入れた表面張力 T

$$T = T^{'} - \Delta T =$$

$$T \;=\; \qquad\qquad [\qquad\qquad]$$

（９）重力 W による補正項の程度 $\Delta T / T$

$$\frac{\Delta T}{T} = \overline{\qquad\qquad\qquad\qquad\qquad}$$

$$\Delta T / T \;=$$

エタノールの場合　　　　エタノール温度 _____ ［℃］

（１０）l と l_0 ，および h　　　　測定者氏名　（ 　　　　　　　　　　　）

表 ____ _____

回	l_0 ［ ］	l ［ ］	$\Delta l = l - l_0$ ［ ］
1			
2			
3			
4			
5			
平均			

エタノール膜の高さ h の目測値　　　$h =$ 　　　　　　　［　　　　　］

（１１）表面張力 $T^{'}$ （エタノール膜に働く重力 W を無視）　＜単位を合わせることに注意＞

$$T^{'} = \frac{k\Delta l}{\pi(d_1 + d_2)} = \overline{\qquad\qquad\qquad\qquad\qquad} =$$

$$T^{'} \;=\; \qquad\qquad [\qquad\qquad]$$

（１２）エタノール膜に働く重力 W のおよその値および，W による補正項 ΔT

$$W = \pi h \frac{d_1+d_2}{2} t \rho g = \underline{\hspace{5cm}} =$$

$$W = \underline{\hspace{3cm}} [\quad\quad]$$

$$\Delta T = \frac{W}{\pi(d_1+d_2)} = \underline{\hspace{5cm}} =$$

$$\Delta T = \underline{\hspace{3cm}} [\quad\quad]$$

（１３）エタノール膜に働く重力 W を考慮に入れた表面張力 T

$$T = T' - \Delta T =$$

$$T = \underline{\hspace{3cm}} [\quad\quad]$$

（１４）重力 W による補正項の程度 $\Delta T / T$

$$\frac{\Delta T}{T} = \underline{\hspace{5cm}}$$

$$\Delta T / T =$$

（１５）実験を通して気づいたこと

実験日時　　　年　　　月　　　日（　）　　天候　　　　気温　　　[℃]

共同実験者氏名 _____

６．基礎知識

ａ．力のつり合い

力 F は，通常ベクトル量（大きさと向きを持つ量）であるのでベクトルで表す（一次元での力の向きは２つしかないので１つを $+F$，もう一方を $-F$ で表すことがある）．**「力がつり合っている」** という状態は，ある物体に働いている力の和，すなわち合力が ０ の場合である．例えば，図５のように２次元平面内の物体 P に３つの力 F_1, F_2, F_3 が働いている．それぞれの力はベクトル量であるから，x 成分と y 成分に分け，それ

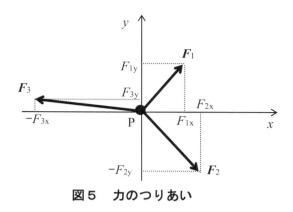

図５　力のつりあい

ぞれ，(F_{1x}, F_{1y})，　　　$(F_{2x}, -F_{2y})$，$(-F_{3x}, F_{3y})$ とすると，力がつり合っている状態では，

$$F_1 + F_2 + F_3 = 0$$

あるいは x, y 成分のそれぞれに対して，

$$F_{1x} + F_{2x} - F_{3x} = 0$$
$$F_{1y} - F_{2y} + F_{3y} = 0$$

（８）

が成り立つ．物体に働いている力の和が ０ の場合，この物体に加速度は生じない（本書の **「Ａ．重力加速度の測定　６．基礎知識」** を参照する）．

ｂ．ばね定数

図６（ａ）のように力をかけない時のばねの長さを l_0 とする．この長さ l_0 をばねの自然長という．図６（ｂ）のように，このばねを力 F で引っ張ると，ばねは伸びて長さ l になった．この時，ばねには伸びの量 $x = l - l_0$ に比例した復元力（もとの長さに戻ろうとする力）が働く．言い換えると，ばねの伸び量はかけた力の大きさ F に比例する．これを式で表すと

$$F = k\,x \qquad (9)$$

となる．これを **フックの法則** といい，比例定数 k を **ばね定数** といい，単位は [N/m] となる．

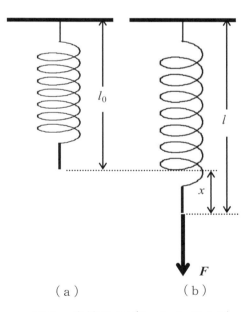

（ａ）　　　　　　（ｂ）

**図６　自然長のばね（ａ）および
伸びたばね（ｂ）**

Ｄ．熱の仕事当量の測定

1．概要

ａ．ジュールとカロリー

太陽系第 3 惑星「地球」に棲むヒトは「地球」を基準に種々の物理量の単位を決めた．例えば，太陽が南中する周期の 1 日を 24 時間とし，1 時間の 3600 分の 1 を 1 秒（1 s），赤道から北極点までの距離の 1 万分の 1 を 1000 m（1 km），1 m の 10 分の 1 サイズの立方体の容積 1 リットルに満たされた水の質量を 1 kg とした．さらに，1 kg の物体に 1 m/s^2 の加速度を生じさせる力を 1 N（N はニュートンと読む），1 N の力で 1 kg の質量の物体を 1 m 移動させる仕事（力学的エネルギー）を 1 J（J はジュールと読む），1 秒あたり 1 J の仕事をする能率（仕事率）を 1 W（W はワットと読む）と呼んでいる．

図 1　「熱の仕事当量の測定」実験装置の概観

一方，木材を燃やすと熱が発生し，やかんの水の温度を上昇させる．その際，木材は炎と煙と熱を出し，燃えたあとに灰が残る．18 世紀頃の「熱素説」では，物質が熱素を内蔵しており，燃焼によってこれを物質の外に取り出せたのが熱であり，物質の持つ熱量には限りがあると考えられていた．ところが 18 世紀末，トンプソンは金属の摩擦によって限りなく熱が発生することに気付いた．つまり，熱の本性は物質が内蔵する熱素ではなく，エネルギーの一形態であることがわかった．

今日では，熱は「温度の異なる 2 つの物体を接触させるとき，高温の物体から低温の物体に移動するエネルギー」と定義されている．力を加え，物を動かし，仕事をすることによるエネルギーのやり取りとは対照的に，2 つの物体を接触させるだけで起こる目に見えない形でのエネルギーの移動を熱と呼ぶ．量を強調する時には熱量という．

熱の単位は地球でもっとも普遍的な物質である水をもとに定義された．すなわち，14.5 ℃の純粋な水 1 g の温度を 15.5 ℃[注]に上昇させる熱量が 1 cal（cal はカロリーと読む）である．（注：温度としてはセルシウス温度（℃）が日常的であるが，物理ではこれに 273.15 を加えた絶対温度（K：ケルビンと読む）が使われることが多い．）

ｂ．熱の仕事当量

このようにエネルギーは力学的エネルギー，化学エネルギー，電気エネルギーなど，様々な形態を取りその姿を変える．「閉じた体系のエネルギーは保存する」というエネルギー保存則が 19 世紀中頃に確立された．これに大きく貢献したのはジュールである．彼は，おもりの落下で水中の撹拌器を回して，水温の変化を測定する実験を行った．おもりの移動で，重力は仕事をする．この力学的エネルギーが撹拌によって熱として水に伝わり，水温を上昇させる．水の温度上昇から熱量を求めることで水の得た熱がわかる．このようにして，力学的エネルギー約 4.2 J が熱 1 cal に等しいことを実証した．この

数値を熱の仕事当量という.

この実験で行うこと　＜熱の仕事当量の測定＞

　本実験では力学的仕事を熱に変える代わりに，図1の装置を用いて水に浸した電熱線に電流を流し水温の変化を測定することによって水に加えられた熱量（ジュール熱 Q [cal]）を求める．このように水に加えた電気エネルギー U [J] がジュール熱 Q [cal]に転換されることを使って，熱の仕事当量

$$\frac{U}{Q} \quad \text{[J/cal]} \tag{1}$$

を求める.

2．原理

　ジュールの熱量計は，抵抗線を水の中に浸し，発生するジュール熱によって水を温め，その温度変化から熱の仕事当量を求める実験装置である．電熱線に V [V]の電圧をかけて I [A]（V はボルト，A はアンペアと読む）の電流を t [s]間流すと，電気エネルギー

$$U = V I t \quad \text{[J]} \tag{2}$$

がジュール熱に変わる.

　一方，この熱によって熱量計に入れた W [g]の水の温度がΔT [K]上昇したとする．水の比熱を c [cal/g·K]とすると，必要とする熱量は $cW\Delta T$ [cal]である．実際には水だけでなく，熱量計とその付属品（金属容器，温度計，撹拌器など）の温度も上昇する．熱量計とその付属品の熱容量を q [cal/K]とすると，ΔT [K]だけ温度を上げるために必要な熱量は $q\Delta T$ [cal]である．両方を合わせると必要な熱量は

$$Q = (cW + q)\Delta T \quad \text{[cal]} \tag{3}$$

となる.

　よって，（1）式で定義される熱の仕事当量は

$$\frac{U}{Q} = \frac{V I t}{(cW + q)\Delta T} \quad \text{[J/cal]} \tag{4}$$

と表せる．右辺のそれぞれの量を測定すれば，熱の仕事当量を求めることができる．水の比熱 c は温度によって変化するが，本実験では $c = 1.00$ cal/g·K とする.

3．装置

　ジュールの熱量計，デジタル温度計，電圧計，電流計，安全抵抗（すべり抵抗器），セラミック付金網，可変直流定電圧電源（以下では直流電源と呼ぶ），ビーカー，電熱器，電子天秤，純水製造装置（流し台のイオン交換水製造装置），キムワイプ，各自の時計

４．方法

（１）熱量計の熱容量を測定する．

　　i) ジュールの熱量計の中に入っている金属容器を取り出し，その質量 m' を電子天秤で測定する．電子天秤の使い方は，**「基本的な測定器具の使い方　２．」**を参照する．

　　ii) 金属容器をよく洗浄し，純水（イオン交換水）ですすぐ．金属容器の外壁の水分をキムワイプで拭き取って乾かした後，金属容器に約 1/3 の純水を入れ，質量を電子天秤で測定する．この質量を m'' とすれば水の質量は $m = m'' - m'$ である．

　　iii) 金属容器を熱量計に入れて蓋を閉め，温度が一定になったらその温度 T' を読む．

　　iv) ビーカーに m と同程度の量の純水を入れ，水の質量 M を測定してから，セラミック付金網を置いた電熱器の上で約 40℃に温める．この際，純水を入れる前にビーカーの重量を計測しておくこと．

　　v) iv)で温めた質量 M の温水の温度 T_H を読み，温水をすみやかに熱量計の金属容器に入れて蓋を閉める．**よく撹拌して温度が一定**になったら温度 T'' を読む．

　　vi) 熱量計の熱容量 q を次の式によって求める．

$$q = c\left(M\frac{T_H - T''}{T'' - T'} - m \right) \tag{5}$$

【式の説明】水の比熱を c とすると，質量 M の温水が温度 T_H から T'' に下がるまでに失った熱量は $cM(T_H - T'')$ である．これは，熱量計と質量 m の水が温度 T' から T'' に上がるまでに得た熱量 $(cm + q)(T'' - T')$ に等しい．この等式を変形すると（５）式が得られる．

（２）直流電源（図２）の準備をする．

【この電源は，0〜35V の電圧を発生できる．また，0〜2A の範囲で電流を調整することもできる．】

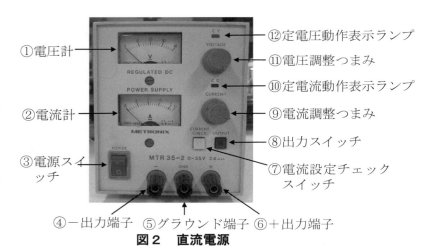

①電圧計
②電流計
③電源スイッチ
④－出力端子　⑤グラウンド端子　⑥＋出力端子
⑦電流設定チェックスイッチ
⑧出力スイッチ
⑨電流調整つまみ
⑩定電流動作表示ランプ
⑪電圧調整つまみ
⑫定電圧動作表示ランプ

図２　直流電源

　　i) コンセントに電源コードを接続する．

　　ii) 配線をしない状態で，「③電源スイッチ」の上側（－が書いてある方）を押して ON にする．

　　iii) **「⑧出力スイッチ」の赤ランプが消えていることを確認する**．ランプが点灯していたら，「⑧出力スイッチ」を押してランプを消す（こうしておくと，出力端子に電圧がかからないので，安全に配線ができる）．

　　iv) この段階で，「②電流計」の針が振れているときは，「⑦電流設定チェックスイッチ」が押し込まれた状態になっている．「⑦電流設定チェックスイッチ」を押してスイッチを戻し，電流計の指示が 0 になることを確認する．

v) 「①電圧計」を見ながら「⑪電圧調整つまみ」を回して 12 V に設定する.

（3）ジュールの熱量計，安全抵抗，電流計，電圧計を図3のように結線し，直流電源に接続する.
【配線に使用するリード線は，装置番号の書かれたプラスチックケース内のものを使用する.】
（安全抵抗（すべり抵抗器）の使い方は，本書**「基本的な測定器具の使い方　7.」**を参照する. また，電流計と電圧計は直流電源内蔵のものとは別の計器を接続することに注意する.）
電圧計以外の配線を行い，その後で熱量計の抵抗線両端の端子に電圧計を配線するとよい.（測定する電圧は熱量計の抵抗線の電圧であり，安全抵抗の間の電圧ではない.）回路中に接続不良がないこと，また撹拌器を動かした時に抵抗線に接触しないことを確かめておく.

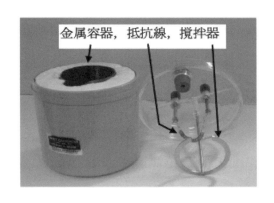 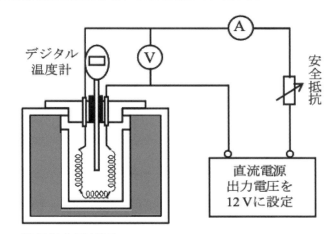

図3　ジュールの熱量計と配線図

（4）直流電源の「⑧出力スイッチ」を押すと，スイッチの赤ランプが点灯し電流が流れる. 安全抵抗を調節して抵抗線に約 7～10 W の電力に相当する電流（この実験では 1.2A 程度）が流れるようにする.【直流電源の「⑩定電流動作ランプ」が点灯するときは，電流調整機能が働いているので，「⑨電流調整つまみ」を時計回りに回してランプを消す.】安全抵抗をスライドさせても電流が変化しないときは，安全抵抗の接続を確かめる. 調整が終わったら「⑧出力スイッチ」を押して，電流を切っておく.

【重要な注意：この状態で電流を流し続けると温度が異常に上がり，断熱材の発泡スチロールが変形する恐れがある. 調整が終わったら，必ず電流を切る.】

（5）ジュールの熱量計の中に入っている金属容器の質量 W' を電子天秤で測定する.

（6）金属容器の外壁の水分をキムワイプで拭き取って乾かした後，抵抗線が十分にひたる量の純水を金属容器に入れて，質量を電子天秤で測定する. この質量を W'' とすれば水の質量は $W = W'' - W'$ である.

（7）水を入れた金属容器を熱量計に入れ，図3のようにセットして撹拌（かくはん）器を動かし，温度が一定になるのを待って温度 T_1 を読む. T_1 が実験開始時の水温である.

（8）直流電源の「⑧出力スイッチ」を押して電流を流し，その時刻 t_1 を読む. 直ちに電流計および電圧計の値を読む（直流電源に内蔵されている電流計や電圧計を読むのではないことに注意する）.

（9）撹拌器を静かに動かしながら1分ごとに電流，電圧，および水温を読んで記録する.

（１０）熱量計内の水温が 10 ℃をわずかに上回る位上昇した後に直流電源の「⑧出力スイッチ」を押して電流を切り，その時刻 t_2 を読む．その後も撹拌を続け，温度計の示度が最高に達したとき，その温度 T_2 を読む．

（１１）熱の仕事当量を計算する．

（１２）測定者を交代して（１）および（５）〜（１０）の測定を繰り返す．

（１３）測定終了後は，リード線をはずし元のプラスチックケース内に戻す．

５．結果

[　　]の中には適当な単位を記入する．

（１）熱量計の熱容量（m と M は金属容器を含めない水の質量）

表 ____ _____

$m =$	[　　]	$T' =$	[　　]		
$M =$	[　　]	$T_H =$	[　　]	$T'' =$	[　　]

$$q = c\left(M\frac{T_H - T''}{T'' - T'} - m \right) =$$

$$= \qquad [\qquad]$$

（２）水の質量（一旦，電子天秤から降ろしてから，再度測って 2 回の平均をとる．）

表 ____ _____

	1回目	2回目	
W' [　　]			
W'' [　　]			平均値
$W = W'' - W'$ [　　]			

（3）電流 I と電圧 V および水温（開始時 $t=0$ と，その後 1 分ごとに測定終了まで）

表 ＿＿＿ ＿＿＿＿＿＿＿＿＿＿＿＿＿＿＿＿＿＿＿＿＿＿＿

t [ ]	I [ ]	V [ ]	温度 [ ]	t [ ]	I [ ]	V [ ]	温度 [ ]
0				11			
1				12			
2				13			
3				14			
4				15			
5				16			
6				17			
7				18			
8				19			
9				20			
10				平均			

注意： 表は 20 分まで計測できるようになっているが，必ずしも 20 分程度の計測が必要とは限らない.「**方法**」にある説明に従うこと.

最高到達温度 ＿＿＿＿＿＿＿＿＿ [   ]

（4）水温の時間変化のグラフ

図＿＿ ＿＿＿＿＿＿＿＿＿＿＿＿＿＿＿＿＿＿＿＿＿＿＿＿＿

（グラフから読み取れることを記述する）
- -

- -

- -

（5）時間と温度

表 ____ _____

t_1 [ ]		T_1 [ ]	
t_2 [ ]		T_2 [ ]	
$t = t_2 - t_1$ [ ]		$\Delta T = T_2 - T_1$ [ ]	

（6）電流のした仕事（時間 t は秒単位で表して計算することに注意する.）

$U = VIt =$　　　　　　　　　=　　　　　　　　　[　　　]

（7）水と熱量計の得た熱量

$Q = (cW + q)\Delta T =$

　　　　　　=　　　　　　　　　[　　　]

（8）熱の仕事当量

$\dfrac{U}{Q} =$　　　　　　　　　=　　　　　　　　　[　　　]

（9）実験を通して気づいたこと

熱の仕事当量の文献値　　　　　　　　　[　　　]

文献の出典

実験日　　年　　月　　日（　）　天候　　　気温　　　[℃]

参考　共同実験者の結果

共同実験者氏名 _____

熱量計の熱容量の測定（m と M は金属容器を含めない水の質量）

表 ____ _____

$m=$	[　　]	$T'=$	[　　]		
$M=$	[　　]	$T_H=$	[　　]	$T''=$	[　　]

水の質量

表 ____ _____

	1回目	2回目	平　均　値
W'　[　　]			
W''　[　　]			
$W=W''-W'$ [　　]			

時間と温度

表 ____ _____

t_1　　[　　]		T_1　　[　　]	
t_2　　[　　]		T_2　　[　　]	
$t=t_2-t_1$ [　　]		$\Delta T=T_2-T_1$ [　　]	

71

D．熱の仕事当量の測定

電流 I と電圧 V および水温（開始時 $t = 0$ と，その後 1 分ごとに測定終了まで）

表 ＿＿＿ ＿＿＿＿＿＿＿＿＿＿＿＿＿＿＿＿＿＿＿＿＿＿

t [ ]	I [ ]	V [ ]	温度 [ ]	t [ ]	I [ ]	V [ ]	温度 [ ]
0				11			
1				12			
2				13			
3				14			
4				15			
5				16			
6				17			
7				18			
8				19			
9				20			
10				平均			

最高到達温度 ＿＿＿＿＿＿＿＿＿＿ [   ]

共同実験者が測定した数値を転記し，レポート作成時に自分で $q, U, Q, U/Q$ を計算してレポートに記載する.

72

６．基礎知識

ａ．ジュール熱

　動いている物体に力を加えると，物体の速度が変化する．このことは，物体に対して仕事をすると，物体の運動エネルギーが変化することを示している．このように，エネルギーと仕事は同質のものである．

　物体に摩擦力が働くとき，物体の速度はだんだん遅くなる．これは，摩擦力がした仕事の分だけ運動エネルギーが失われるからであるが，このエネルギーは消えてしまうのではなく，熱としてまわりの物質に伝わっていく．

　ところで，電気抵抗を持つ導線（抵抗線という）に電流を流すということは，電流を担う電子を移動させるという仕事をすることである．電子が運動すると，抵抗線を構成する原子との抵抗で，熱が発生する（詳しく言うと，電子の運動エネルギーが抵抗線全体の内部エネルギーとなって抵抗線の温度が高くなり，まわりの物質に熱という形でエネルギーを与える）．これをジュール熱といい，電気によって発熱や暖房をする電熱器具の多くはこのジュール熱を利用している．

　電源に抵抗線をつなぐと位置エネルギー差が発生する．これを電圧といい，単位はボルト[V]である．抵抗線を流れる電流は電子の流れであり，その大きさの単位はアンペア[A]である．単位時間（ふつうは1秒）当りに抵抗線に発生するエネルギーを電力といい

$$（電力）=（電圧）×（電流）$$

で，電力の単位はワット[W]＝[J/s] である．ボルト[V]という単位はこの関係が成り立つように定義されている． T [s]の時間に抵抗線に発生するエネルギーを電力量という．

$$（電力量）=（電力）×（時間）$$

電力量の単位はワット秒[Ws]であるが，これはジュール[J]である．

ｂ．比熱と熱容量

　同じ量の熱を与えても，物質により上昇する温度は異なる．物質1gの温度を1K上昇させるのに必要な熱量をその物質の比熱 [cal/g·K]という．常温常圧で最も比熱の大きい物質は水であり，1.000 cal/g·K，金属はこれの10分の1程度で，銅では 0.092 cal/g·K である．

　さて，温度 T' で比熱 c_1，質量 m_1 の物質と比熱 c_2，質量 m_2 の物質を一緒にして，熱量 Q を与える．外部への熱の流出はないとすると，2つの物質は熱平衡状態では同じ温度 T'' となる．エネルギーの保存則は

$$Q = c_1 m_1 × (T'' - T') + c_2 m_2 × (T'' - T') = (q_1 + q_2) × (T'' - T')$$

であるので，$T'' = T' + Q/(q_1 + q_2)$ である．ここで，物質の質量に比例する $q_j = c_j m_j$ をそれぞれの物質の熱容量という．

E．線膨張率の測定

1．概要

a．熱膨張

　物質は，微視的な原子（あるいは分子）から構成されている．この原子は有限の温度では物質中で静止しているのではなく激しく振動している（この動きを熱振動という）．温度は，熱振動の激しさを表す量であると考えてもよい．一般に，物質に熱を加えるとそれを構成している原子の熱振動が大きくなり，原子は，より広い範囲を動くことになり，物質の体積が増加する．この温度上昇による体積の増加を熱膨張という．固体では，体積の膨張に対応して長さが伸びる．この温度上昇による長さの伸びを線膨張という．温度が1℃上がった時の伸びの割合（全体の長さ L に対する伸びΔL の比）を線膨

**図1 「線膨張率の測定」
実験装置の概観**

張率という．物質の熱膨張は，アルコール温度計，バイメタル（2つの膨張率の違う金属をはりあわせたもの．温度変化に対応して曲がり具合が変化する．温度計や温度スイッチなどに使われている）などに応用されている．

この実験で行うこと　＜線膨張率の測定＞

　本実験では図1の装置を使い，熱を加えた金属棒の伸びを光学てこを利用して測定し，それぞれの金属の線膨張率を求める．長さ L の金属棒が，温度変化ΔT に伴って，ΔL だけ長さが変化したとすると，その線膨張率αは

$$\alpha = \frac{\Delta L/L}{\Delta T} \tag{1}$$

と書ける．したがって，図2のように最初の金属棒の長さ L，温度変化ΔT および変化した金属棒の長さΔL を測定することによって，線膨張率を求めることができる．全体の長さ L に対する伸びΔL の割合$\Delta L/L$ は

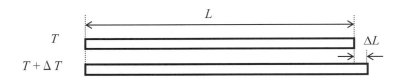

図2　温度変化に伴う金属棒の長さの変化

金属棒の長さ L によらない値となる．したがって，線膨張率αは金属棒の長さ L によらない物質固有の値である（ただし，温度 T には依存する）．

2．原理

　物体の体積（長さ）は温度によって変化する．温度領域が狭い時，金属棒の長さの変化は近似的に温度変化に比例する．温度 T_1 において長さ L の金属棒が T_1 近くの温度 T_2 において長さ L' になると

すると，L' は近似的に以下の式で表すことができる.

$$L' = L\{1 + \alpha(T_2 - T_1)\} \tag{2}$$

この式の定数αを温度 T_1 における線膨張率という. 上の式を変形してαを求めると，

$$\alpha = \frac{(L'-L)}{L} \cdot \frac{1}{(T_2-T_1)} = \frac{1}{L} \cdot \frac{\Delta L}{\Delta T} \tag{3}$$

となり，（1）式に一致する. 式から明らかなように，線膨張率は温度変化1 ℃または1 K当りの長さの変化率を表す量である.

　実験でαを求めるためには，T_1 での長さ L，温度を変えた時の温度差ΔT および長さの変化ΔL を測定すればよい. 金属では室温付近の広い温度範囲にわたってαは一定とみなせる. この実験では, この微小な長さの変化ΔL を測るために光学てこ（図3）を用いる. 光学てこは, 長さや高さの微小な変化を測定する方法の 1つで, 三脚付き鏡, スケール付き望遠鏡などを配置した方法を総じてこのように呼ぶ（**「基本的な測定器具の使い方 5.」**を参照する）. 三脚付き鏡のうち B, C の 2脚は固定した台の上に, A 脚は測定しようとする金属棒の上端にのせる. 金属

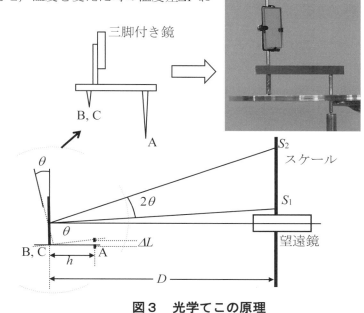

図3　光学てこの原理

棒が微小な長さΔL だけ伸びた時, 鏡は BC 線のまわりに微小な角θだけ回転して傾く. A と BC 線の間の垂直距離を h とすれば

$$\Delta L = h\sin\theta \cong h\theta \tag{4}$$

となる. 望遠鏡で金属棒の伸びる前および後のスケールの読み S_1 と S_2 を読み取る（図3）. 鏡がθ傾くと, 鏡に反射して映る目盛の方向は図3のように2θ傾くので,

$$|S_2 - S_1| = 2\theta D \tag{5}$$

である. よって（4）式より

$$\Delta L = \frac{h}{2D}|S_2 - S_1| \tag{6}$$

光学てこを用いる時, 鏡はほぼ鉛直に立て, また望遠鏡は鏡の法線方向にあるようにする必要がある.

3．装置

　線膨張率測定装置, スケール付き望遠鏡, 三脚付き鏡, 金属棒（鋼, 銅, 真ちゅう, アルミニウム）, デジタル温度計2 個, 蒸気発生器, 電熱器, ノギス, メジャー, ものさし, <u>ピンチコック, ポリプロピレンビーカー, スタンド, スチロール丸形容器</u>, 純水製造装置（流し台のイオン交換水製造装置）.

４．方法

ａ．準備

（１）図４のように蒸気発生器の排水
コックを閉め，窓際の流しに設
置されている純水製造装置を通
して水を 1.5 リットル程度汲み取り，安
全弁の栓を抜いて蒸気発生器に
注ぐ．側面の液面計の下部から
2.5 cm 程度まで入れれば十分で
ある．

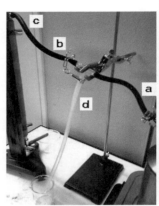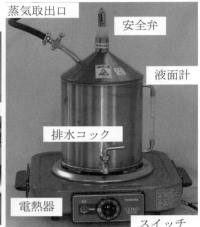

図４　蒸気発生器と電熱器

実験が長時間におよび，液面計から水面が見え
なくなったら，やけどしないように注意して，水を補給すること．

（２）**安全弁の蒸気逃がし穴を蒸気取出口の方に向けないように注意して，安全弁をしっかり差し
込む．このとき，液面計の部分を絶対に持たないこと．安全弁がしっかりと差し込まれてい
ない場合，加熱中に安全弁と熱湯が飛び出す可能性があり，非常に危険である．**

（３）蒸気取り出し口のコック a は常時，開けたままにし，ゴム管の b をピンチコックで閉め（d は
開放），蒸気発生器の電熱器のスイッチをONにして加熱をはじめる．スイッチはロータリー
式となっており，「弱」〜「強」が連続的に調節でき
る．まず，「強」にし，沸騰して蒸気が勢いよく出始
めたら，中（目盛り３〜４）にすればよい．

ｂ．測定

（１）金属棒の長さ L を測る．

（２）金属棒を端面が**平らな方を上**にして加熱装置 E に差し
込む．

（３）デジタル温度計をコルク栓に差し込み図５のように取
り付ける（デジタル温度計の使い方は，**「基本的な測
定器具の使い方　１１．」**を参照する）．このとき温度
計は十分深く差し込むが金属棒に当らないように注
意する．三脚付き鏡を台 S と金属棒の上にのせる．こ
の時，あらかじめ鏡の足 B, C をのせる台 S の高さを
加減して鏡が垂直になるようにしておき，脚 A が金属

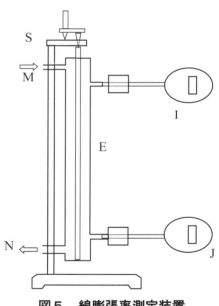

図５　線膨張率測定装置

棒の上に，脚 B, C は台 S（金属棒および台 S が傾いていないか確認する）の上にあるように
鏡を置く．　**（鏡を落とさないように注意する！）**

（４）望遠鏡を装置の前方，鏡に面して約 1 m の所に置き，鏡で反射したスケールの像が明瞭に見
えるように望遠鏡の焦点や鏡の向きを調節する（これを行うにはまず肉眼で鏡に映ったスケ

ールが見える位置を探す．次に鏡の向きを調節して望遠鏡の位置でスケールが見えるようにしたのち，望遠鏡の焦点を合わせるとよい）．

（５）望遠鏡の十字線に対するスケールの読み S_1, 2 本の温度計 I, J の読み $T_1{}'$, $T_1{}''$ を記録する．$T_1{}'$, $T_1{}''$ の差が大きい時はこれがほぼ一致するのを待って読み取る．

（６）電熱器のスイッチは「中」あるいは「強」とし，蒸気取り出し口とをつなぐゴム管の **b** のピンチコックを開け，**d** を閉めて蒸気を線膨張率測定装置に導入して金属棒を加熱する．N から排出される水滴はスチロール製丸形容器で受ける．加熱中に鏡がずれないように注意すること．温度計の指示が 100℃ 程度で一定になるのを待って，その時の温度 $T_2{}'$, $T_2{}''$ を読み取り，望遠鏡でスケールの読み S_2 を記録する．

（７）**d** のピンチコックを開け，**b** を閉めて蒸気を送るのを止め，電熱器のスイッチは「弱」に設定する．

（８）鏡とスケールとの間の距離 D をメジャーで測る．

（９）鏡の脚間の長さ h を求める．図6のように h' と h'' をノギスで測定し，$h = (h' + h'')/2$ を計算する．

（１０）やけどをしないように注意して金属棒と温度計を抜き，加熱装置をさます．

（１１）線膨張率を計算する（線膨張率測定装置の温度が下がるのを待つ間に行う）．

（１２）線膨張率測定装置の温度が下がったら，測定者を交代して，他の金属棒についても同様の測定を行う．

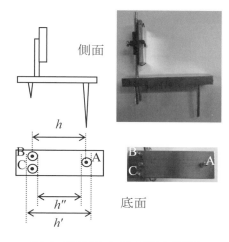

図6　三脚付き鏡の脚の間隔

C．後片付け

（１）全ての測定が終わったら電熱器のスイッチを切り，蒸気取り出し口のコック **a**，およびリークロ **d** を開放にする．

（２）蒸気発生器が冷えてきたら，排水コックを開いて完全に排水し，水は流しに捨てる．やけどをしないように注意すること．

５．結果

[　　]の中には適当な単位を記入する．

（１）金属棒（1 本目）の種類（名称）：

$D =$　　　　　　　[　　　　]　　　　　　$L =$　　　　　　　　　[　　　　　]

$h' =$　　　　　　　[　　　　]　　　　　　$h'' =$　　　　　　　　[　　　　　]

$$h = \frac{h' + h''}{2} = \underline{\hspace{6cm}} = \qquad\qquad [\qquad\quad]$$

表 ___ _____

	T' [ ]	T'' [ ]	$T=\dfrac{T'+T''}{2}$ [ ]	S [ ]
低温	T_1'	T_1''	T_1	S_1
高温	T_2'	T_2''	T_2	S_2
			T_2-T_1	S_2-S_1

$$\Delta L = \frac{h}{2D}|S_2 - S_1| = \text{——————} \times (\qquad\qquad) = \qquad [\qquad]$$

線膨張率の計算

$$\alpha = \frac{1}{L}\cdot\frac{\Delta L}{\Delta T} = \text{——————} \times \text{——————} = \qquad [\qquad]$$

（2）金属棒（2本目）の種類（名称）：

$D=$ [ ] $L=$ [ ]

$h'=$ [ ] $h''=$ [ ]

$$h = \frac{h'+h''}{2} = \text{——————} = \qquad [\qquad]$$

表 ___ _____

	T' [ ]	T'' [ ]	$T=\dfrac{T'+T''}{2}$ [ ]	S [ ]
低温	T_1'	T_1''	T_1	S_1
高温	T_2'	T_2''	T_2	S_2
			T_2-T_1	S_2-S_1

$$\Delta L = \frac{h}{2D}|S_2 - S_1| = \text{——————} \times (\qquad\qquad) = \qquad [\qquad]$$

線膨張率の計算

$$\alpha = \frac{1}{L}\cdot\frac{\Delta L}{\Delta T} = \text{——————} \times \text{——————} = \qquad [\qquad]$$

（3）金属棒（3本目）の種類（名称）：

$D=$ [ ] $L=$ [ ]

$h'=$ [ ] $h''=$ [ ]

$$h = \frac{h'+h''}{2} = \text{——————} = \qquad [\qquad]$$

表 ___ _____

	T' [ ]	T'' [ ]	$T = \dfrac{T'+T''}{2}$ [ ]	S [ ]
低温	T_1'	T_1''	T_1	S_1
高温	T_2'	T_2''	T_2	S_2
			T_2-T_1	S_2-S_1

$$\Delta L = \frac{h}{2D}|S_2 - S_1| = \underline{\hspace{3cm}} \times (\hspace{4cm}) = \hspace{2cm} [\hspace{2cm}]$$

線膨張率の計算

$$\alpha = \frac{1}{L} \cdot \frac{\Delta L}{\Delta T} = \underline{\hspace{2cm}}\frac{1}{\hspace{2cm}} \times \underline{\hspace{3cm}} = \hspace{2cm} [\hspace{2cm}]$$

（4）金属棒（4本目）の種類（名称）：

$D =$ [   ] $L =$ [   ]

$h' =$ [   ] $h'' =$ [   ]

$$h = \frac{h'+h''}{2} = \underline{\hspace{4cm}} = \hspace{2cm} [\hspace{2cm}]$$

表 ___ _____

	T' [ ]	T'' [ ]	$T = \dfrac{T'+T''}{2}$ [ ]	S [ ]
低温	T_1'	T_1''	T_1	S_1
高温	T_2'	T_2''	T_2	S_2
			T_2-T_1	S_2-S_1

$$\Delta L = \frac{h}{2D}|S_2 - S_1| = \underline{\hspace{3cm}} \times (\hspace{4cm}) = \hspace{2cm} [\hspace{2cm}]$$

線膨張率の計算

$$\alpha = \frac{1}{L} \cdot \frac{\Delta L}{\Delta T} = \underline{\hspace{2cm}}\frac{1}{\hspace{2cm}} \times \underline{\hspace{3cm}} = \hspace{2cm} [\hspace{2cm}]$$

（5）実験を通して気づいたこと

共同実験者氏名 _____

実験実施日 　　年　　月　　日　（　　）　　天候　　　気温　　　［℃］

Ｆ．交流の周波数の測定

１．概要

図１は周期的に変化する電流の周波数を測定する装置である．私たちが日常生活で使っている電気には，電池のように電流の向きが一定の**直流**と，図２に示されるように電圧，電流の向きが時間に対して周期的に変化している**交流**がある．電池から得られる電気は直流であるのに対して，家庭に引かれているコンセントの電気は交流である．使用する電気製品によって，交流をそのまま使うもの，直流に変換して使うものの両方がある．

図１　「交流の周波数の測定」実験装置の概観

図２に示された時間間隔 τ を交流の**周期**という．１秒間当り $f = 1 / \tau$ 回電圧（電流）のピークが現れる．この f を交流の**周波数**という．日本の交流周波数は，西日本で 60.0 Hz，東日本で 50.0 Hz である．ここで，Hz（「ヘルツ」と読む）は周波数（振動数）の単位であり，$1 \, \text{Hz} = 1 \, \text{s}^{-1}$ である（[s^{-1}]はわかりやすく書けば[回/s]であるが，"回"は単位ではないので通常は書かない）．

この実験で行うこと　　＜交流の周波数の測定＞

本実験では，交流電流により鋼鉄線の弦に振動する力を与える．力の変動の周波数と弦の**固有振動数** f_n が合うように弦の長さ L を調整すると，弦は共振する．弦の**線密度** σ，弦の張力 T を与えることで，弦の固有振動数を計算する．本実験では，**交流磁場による方法**と**静磁場による方法**の 2 種類の方法で弦の共振を起こすことで交流の周波数を求める．

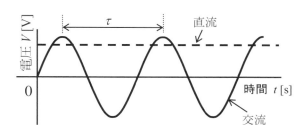

図２　交流と直流における電圧の時間変化

２．原理

ａ．定常波と固有振動

図３のように両端を固定した弦を振動させると両端で反射した波が合成され，**定常波**ができる（「６．基礎知識　ｂ．定在波」を参照する）．この定常波の**波長** λ_n と弦の長さ L には

$$\frac{\lambda_n}{2} n = L \qquad \text{すなわち} \qquad \lambda_n = \frac{2L}{n} \qquad (n = 1, 2, 3, \ldots) \qquad (1)$$

の関係がある．ここで n は固有振動の次数であり，弦の振動でできる定常波の腹の数である．

張力 T で張られた線密度 σ の弦を伝わる横波の速さ v は

$$v = \sqrt{\frac{T}{\sigma}} \qquad\qquad\qquad (2)$$

で与えられる．ここで線密度とは単位長さ当りの質量であり，通常の密度 ρ（単位体積当りの質量）を用いると弦の断面積を S として $\sigma = \rho S$ のように表すことができる．**波の速さ** v と**振動数** f ，**波長** λ の

関係 $v=f\lambda$ に（2），（3）式を代入して

$$f_n = \frac{n}{2L}\sqrt{\frac{T}{\sigma}} \qquad (n=1,2,3,\ldots) \tag{3}$$

となる．この振動数は弦の**固有振動数**と呼ばれる．$n=1$ の場合，すなわち振動数 f_1 の場合を基本波と呼ぶ．基本波は最も低い固有振動数を持つ．これは最も長い波長 $2L$ を持つ定常波であり，ただ1つの腹を持つ定常波である．

　交流磁場による方法では，周波数 f_{ac} [Hz]の交流を流した電磁石を鋼鉄線の弦に接近させ，鋼鉄線に引力をおよぼして弦を共振させ，$f_1=2f_{ac}$ の関係から交流周波数 f_{ac} [Hz]を求める．

　静磁場による方法では，永久磁石でつくられる磁場の中で，弦に周波数 f_{ac} [Hz]の交流電流を流し，電流と磁場の両方に垂直な方向に力を与え（**フレミング左手の法則**）弦を共振させ，$f_1=f_{ac}$ の関係から交流周波数 f_{ac} [Hz]を求める（詳しくは「**2．原理**」を参照する）．

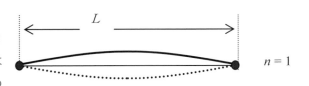

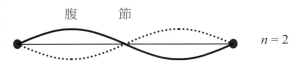

図3　両端を固定した長さ L の弦での１次〜３次の定常波

b．交流磁場を用いる方法の原理

　鉄心にコイルを巻き，コイルに電流を流すとその周りに磁場ができる．これが電磁石である．このコイルに直流電流を流すと，電流の向きは一定なので，電磁石の磁極は右ねじの法則によって決まる．ところがコイルに交流電流を流すと，図4のように半周期ごとにコイルを流れる電流の向きが逆転するので，電磁石の磁極も半周期ごとに N 極 ⇔ S 極と変化する．したがって，1周期ごとに N 極および S 極となり，磁極が周期的に変化することになる．

　鋼鉄線の弦に周波数 f_{ac} [Hz]の交流を流した電磁石を接近させると，電磁石が N 極あるいは S 極となるたびに1秒間に $2f_{ac}$ 回鋼鉄線に引力をおよぼす．つまり，鋼鉄線は電磁石により，1秒間に $2f_{ac}$ 回引きつけられる．

　そこで，弦の長さ L を調整して弦の基本波の振動数と交流の周波数の2倍が一致するように，つまり $f_1=2f_{ac}$ となるようにすると，弦は共振し激しく振動する．

　このように，弦の線密度 σ，張力 T，共振を起こした時の弦の長さがわかれば，（3）式を

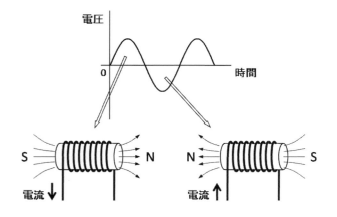

図4　交流を流した電磁石の磁極の変化

使って f_1 を求め，$f_{ac}=f_1/2$ によって交流の周波数を求めることができる．

ｃ．静磁場を用いる方法の原理

　永久磁石の間に，その磁場（N 極→S 極）と垂直な向きに弦を置いて弦に電流を流すと，弦を流れる電流は電流と磁場の両方に垂直な方向に力を受ける（フレミング左手の法則）．弦に流れる電流が交流電流の場合，図 5 に示すように電流の向きが変わるたびにこの力の向きは逆転し，弦は 1 周期の間に 1 回振動する．したがって，周波数 f_{ac} [Hz] の交流電流を流した時，弦は振動数 f_{ac} で振動する．

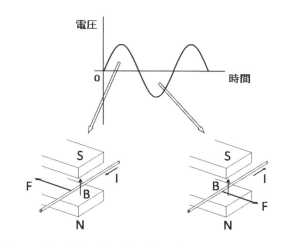

図 5　弦を流れる交流電流に磁場から働く力

　そこで，弦の長さ L を調整し弦の基本波の振動数が交流の周波数と一致するように，つまり $f_1 = f_{ac}$ にすれば，弦は共振し激しく振動する．この時の弦の長さ L から（3）式を用いて f_1 を求めればそれがそのまま f_{ac} となる．

３．装置

　モノコード装置（共鳴箱），鋼鉄線，スライダック（交流電圧調整器），トランスや安全抵抗等を配線したシャーシ，電磁石，永久磁石，おもり，おもり受け，電子天秤，マイクロメータ

４．方法

　実験は，セットアップ，測定，結果の整理の 3 ステップからなる．

ａ．セットアップ（事前準備）

（1）おもり受けおよびおもりの質量を電子天秤で測定する（電子天秤の使い方は本書の**「基本的な測定器具の使い方　２．」**を参照する）．

（2）鋼鉄線の直径 $2r$ をマイクロメータで測る．直径の平均値を出すために適当に離れた 5 か所で測定する．測定にあたっては，**「基本的な測定器具の使い方，３．」** を読み，マイクロメータの使い方のポイント（ゼロ点補正を行うこと，鋼鉄線をマイクロメータで挟む時は，鋼鉄線を変形させることを避けるために必ずラチェットを使って挟むこと，最小目盛りの 10 分の 1 まで目分量で測定すること等）をおさえてから，実際の測定にあたる．マイクロメータでは，1/1000 mm（=1 μm）の精度で測定することができる．この測定精度が実験の最終的な測定結果の精度に影響するので，慎重に 1/1000 mm（= 1 μm）の値まで読み取る．

（3）鋼鉄線の密度 ρ を 7.86×10^3 kg/m³ として，5 回測定した鋼鉄線の直径 $2r$ の平均値を使って，鋼鉄線の線密度 σ（単位長さ当りの質量）を

$$\sigma = \rho S = \rho \cdot \pi r^2 \tag{4}$$

で計算する．**計算の際は SI 単位にそろえる．すなわち，半径 r の値を [m] の単位に直すことに注意する．**

F. 交流の周波数の測定

ｂ．測定

（A）交流磁場を用いる方法

（1）図6のように鋼鉄線の一端をモノコードＢの端にあるピンＱにかたく縛り付け，他端は滑車Ｐを通しておもり受けとおもり1個を吊り下げる．ＰＱの間に刃先Ｘ，Ｙを置く．

（2）トランスＴ（シャーシに組み込まれている）の2次側（Ｖ端子）を電磁石Ｍに接続する（シャーシに書かれている通りに接続）．スライダックのつまみＡは0Ｖ，すなわち左いっぱいに回した位置にしておく．スライダックＳにつながっているコンセントプラグをコンセント（交流100Ｖ）に接続する．

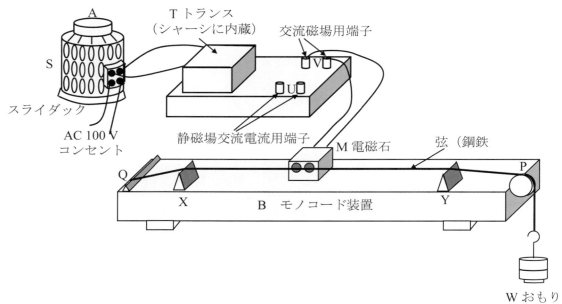

図6　交流周波数測定装置（交流磁場を利用する方法）

（3）電磁石Ｍを弦の中央付近に，Ｕ字型電磁石の両端が弦に平行になるように置く．電磁石を弦から約3mm離して置くとよい．スライダックを回して100Ｖまで電圧を上げ，電磁石に交流電流を流す．刃先Ｘ,Ｙの位置を調整し，共振する位置を探す．その際，以下に注意する．

 i)　実験中，電磁石Ｍの位置が常に刃先ＸとＹの中央にあるように，ＸとＹをともに移動させる．

 ii)　基本振動（（1）あるいは（3）式における $n=1$）で共振させるように注意する．具体的には高次振動（$n=2, 3...$振動）を励起させないために，刃先Ｘ, Ｙを電磁石Ｍの付近から外側へ（モノコードの両端に向かって），すなわち，弦の長さが短い方から長くなる方へ動かし，最も激しく振動する共振点を探す．（基本振動で共振する弦の長さの2倍あるいは半分の長さでも弦は振動するので注意する．弦の長さが20cm以上95cm以下の範囲で探すとよい．）

（4）弦が激しく共振を始めたらスライダックの電圧を下げ，さらにX, Yの位置を調整して正確な共振点を求める．この操作を繰り返し，スライダックの電圧が50 V付近での共振位置を決定する（スライダックの電圧が高いと電磁石から発生する磁場が強く，共振点から少々ずれていても振動するので，正確な共振点を求めることができない）．

（5）共振位置が決まったら，モノコード装置についているものさしで刃先 X, Y の位置を読み取る．最小目盛りの10分の1（0.1 mm）の精度まで読み取る．

（6）おもり W の数を3個まで変えることで弦の張力 T を変え，同様な測定を行う．張力 T は，M を（おもりの質量＋おもり受けの質量），g を重力加速度とすると，

$$T = Mg \hspace{5cm} (5)$$

で与えられる．ここで重力加速度 $g = 9.797$ m/s² とする．**計算の際は SI 単位にそろえる，すなわち，質量 M の値を[kg]の単位に直すことに注意する**．

（7）（3）〜（6）の操作を3回繰り返す．

（8）刃先 X, Y の位置から，固有振動している弦の長さ L を求める．張力 T の平方根 $\sqrt{T}$ を計算し，横軸を $\sqrt{T}$ とし，図7のように<u>グラフの左下を原点として L のグラフを描く</u>．**測定をしたらすぐに計算を行ってグラフを描き，測定が適切に行われたかどうかを判断すること**．結果が（3）式に従うかどうかを確認し，測定に誤りがあったと考えられる場合には測定をやり直す．

（9）測定者を交代し，（3）〜（7）の測定を行う．

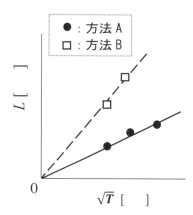

図7　弦の長さ L と張力の平方根 $\sqrt{T}$ の関係

（B）静磁場を利用する方法

（1）図8のように弦の両端を交流電源（トランスの 2 次側からシャーシに内蔵されている安全抵抗を経て出力端子 U につながっている）からの出力端子 U に接続する．

（2）弦に対して静磁場が垂直になるように永久磁石 N を弦 XY の中間に置く．

（3）おもり受けにおもり1個をのせ，スライダックを回して弦に交流電流を流し，刃先 X, Y で弦の長さを調整して弦を共振させる（操作は方法（A）の場合と同様）．

（4）共振位置から刃先 X, Y の位置を，最小目盛りの10分の1（0.1 mm）の精度まで読み取る．

（5）おもり W の数を2個に変えて張力を変え，同様の測定を行う．

（6）（3）〜（5）の操作を3回繰り返す．

（7）刃先 X, Y の位置から，固有振動している弦の長さ L を求める．張力 T の平方根 $\sqrt{T}$ を計算

し，図7のように，L と $\sqrt{T}$ の関係を方法（A）と<u>同一のグラフに描く</u>．結果が（3）式に従うかどうかを確認し，測定に誤りがあったと考えられる場合には測定をやり直す．

（8）測定者を交代し，（3）〜（6）の測定を行う．

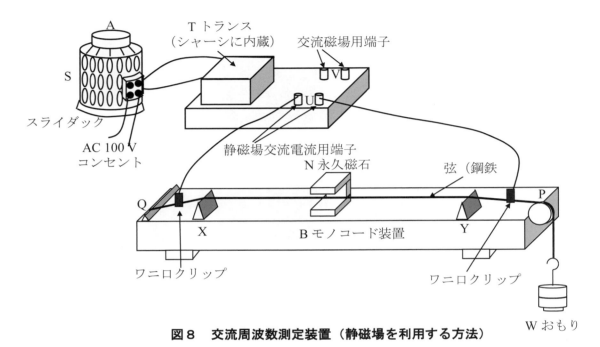

図8　交流周波数測定装置（静磁場を利用する方法）

c．測定および結果整理の留意点

（1）方法（A）でおもり1個の場合，1回の測定で求めた弦の長さ L より（3）式で $n=1$ とおいて鋼鉄線の固有振動数を計算する．

$$f_1 = \frac{1}{2\sqrt{\sigma}} \times \frac{\sqrt{T}}{L}$$

計算の際は SI 単位にそろえる，すなわち，弦の長さ L の値を[m]の単位に直して計算することに注意する．交流の周波数の 2 倍になっていることを確認後，指定された測定を続けること．

（2）方法（A）では $f_1 = 2f_{ac}$，方法（B）では $f_1 = f_{ac}$ の関係があることより交流の周波数 f_{ac} の平均値を求める．電力会社が供給する商用電力の公称周波数との相対偏差を計算し，考察に記すこと．

$$\text{相対偏差} = \frac{\text{測定値} - \text{公称値}}{\text{公称値}} \times 100 \ [\%]$$

5．結果

[　　]の中には適当な単位を記入する．

（1）おもりとおもり受けの質量

表＿＿＿　＿＿＿＿＿＿＿＿＿＿＿＿＿＿＿

	M_i [　　　]
おもり 1	
おもり 2	
おもり 3	
おもり受け	

（2）鋼鉄線の直径 $2r$

表＿＿＿　＿＿＿＿＿＿＿＿＿＿＿＿＿＿＿

回	$2r$ [　　　]
1	
2	
3	
4	
5	
平均	

（3）線密度（単位長さ当たりの質量）σ の計算（鋼鉄線の密度 ρ は 7.86×10^3 kg/m³）

$$\sigma = \rho \pi r^2 =$$

$$= \qquad [\qquad]$$

（3）式に代入するために次の計算値を出しておく

$$\frac{1}{\sqrt{\sigma}} = \qquad [\qquad]$$

87

（4）交流の周波数

表 ___　_____

方法	おもりの数	おもりとおもり受けの質量の和 M [　]	張力 T [　]	$\sqrt{T}$ [　]	刃先 X の位置 [　]	刃先 Y の位置 [　]	弦の長さ L [　]	L の平均値 [　]	交流の周波数 f_{ac} [　]
A	1								
	2								
	3								
B	1								
	2								
							f_{ac} 平均値[　]		

計算例

A：交流磁場を用いる場合

$$f_{ac} = \frac{f_1}{2} = \frac{1}{4\sqrt{\sigma}} \times \frac{\sqrt{T}}{L} = \qquad \times \frac{\quad}{\quad} = \qquad\qquad [\quad]$$

B：静磁場を用いる場合　$f_{ac} = f_1$

（5）弦の長さ L と張力の平方根 $\sqrt{T}$ の関係のグラフ

図＿＿＿　＿＿＿＿＿＿＿＿＿＿＿＿＿＿＿＿＿＿＿＿＿＿＿＿＿＿＿

（グラフから読み取れることを記述する）

（6）考察

この実験で何がわかったか，得られた結果は妥当であるか，その他，実験を通して気づいたこと.

実験日時　　　年　　　月　　　日（　）　天候　　　気温　　　［℃］

参考

共同実験者の結果

共同実験者氏名＿＿＿＿＿＿＿＿＿＿＿＿＿＿＿＿＿＿＿＿

おもりとおもり受けの質量

表＿＿＿　＿＿＿＿＿＿＿＿＿＿＿＿

	M_i [　　]
おもり 1	
おもり 2	
おもり 3	
おもり受け	

鋼鉄線の直径 $2r$

表＿＿＿　＿＿＿＿＿＿＿＿＿＿＿＿

回	$2r$ [　　]
1	
2	
3	
4	
5	
平均	

交流の周波数

表 ____ _____

方法	おもりの数	おもりとおもり受けの質量の和 M [　]	張力 T [　]	$\sqrt{T}$ [　]	刃先 X の位置 [　]	刃先 Y の位置 [　]	弦の長さ L [　]	L の平均値 [　]	交流の周波数 f_{ac} [　]
A	1								
	2								
	3								
B	1								
	2								
							f_{ac} 平均値[　]		

　実験時には共同実験者が直接測定した値のみを転記し，レポート作成時に所定の計算を行い，レポートに記載する.

６．基礎知識

ａ．波動

水面に石を落とすと，同心円状の波紋が広がっていく．このように水面の振動が伝わっていくような現象を**波動（波）**と呼ぶ．ここで，実際に振動を伝えているのは水である．波動を伝えるものを**媒質**という．

図９は，水面上をある方向（x方向）に伝わる波を模式的に描いたものである．時刻 $t = t_0$ の波は $t = t_1$ では，全体的に x の正の方向に移動している．この時，波が単位時間当たりに移動する距離を波の**速さ** v という．さらに，波の山から山までの距離を**波長** λ，谷から山までの高さの半分を**振幅** A という．

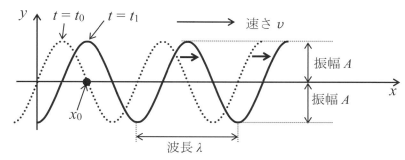

図９　波動の伝播による各地点 x の媒質の高さ y

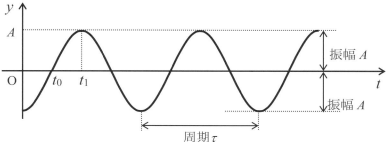

図１０　波動の伝播による x_0 地点の媒質の高さ y の時間変化

図１０は図９の x 軸上の点 $x = x_0$ の水面の高さの時間変化を示したものである．その地点の高さがある高さから変化し，元に戻るまでの１回振動する時間を波の**周期** τ といい，媒質の水の高さが１秒間に振動する回数を**振動数** f と呼ぶ．周期 τ と振動数 f との間には，

$$f = \frac{1}{\tau} \tag{6}$$

の関係が成り立つ．波は１回振動する間に１波長進むので，波の移動する速さ v は，

$$v = \lambda / \tau \tag{7}$$

で表される．したがって，波の移動する速さ v は，

$$v = f\lambda \tag{8}$$

によっても表される．

ｂ．定常波

図１１の実線は，右向きに進む波（一点鎖線）と左向きに進む同じ波（点線）の各時間における重ね合わせによってできた波を表している．まったく振動せずに止まっているところと，大きく振動するところができる．止まっているところを**節**，大きく振動するところを**腹**と呼ぶ．この進行しない波を**定常波（定在波）**という．弦のように両端が固定された媒質を波が伝わる時，端では波の山が反転して谷となって反射される．このように右向きに進む波と左向きに進む同じ波の重ね合わせで，固定された両端（**固定端**）で節となるような定常波が生成する．

91

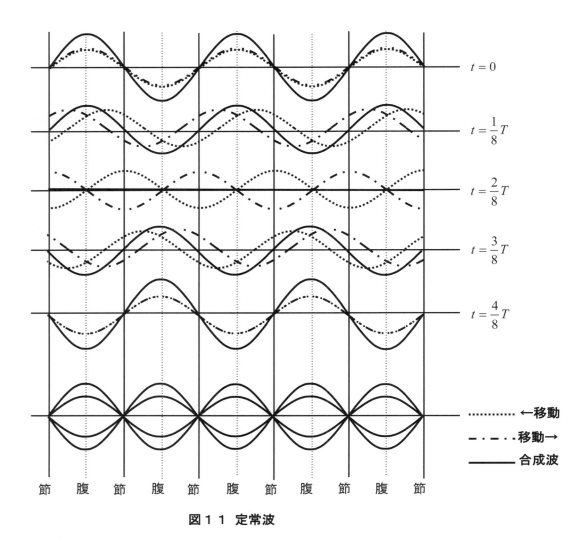

$t = 0$

$t = \dfrac{1}{8}T$

$t = \dfrac{2}{8}T$

$t = \dfrac{3}{8}T$

$t = \dfrac{4}{8}T$

.... ←移動

－・－・－ 移動→

───── 合成波

節　腹　節　腹　節　腹　節　腹　節　腹　節

図11　定常波

ｃ．フレミング左手の法則

　図12のように，磁場中に磁場に垂直に置かれた導線に電流を流すと，導線は磁場から力を受ける．この時，力の大きさは，電流が大きく，磁場が強いほど大きい．この電流が受ける力の方向は，電流と磁場の方向に垂直である．左手の親指，人差し指，中指の 3 本を直角に開き，中指を電流の向き，人差し指を磁場の向きにあわせると，受ける力の方向は親指の方向となる．これを，**フレミング左手の法則**という．

永久磁石　S

導線

磁場

電流

N

力

磁場

電流

左手　　力

図12　フレミング左手の法則

磁場の向きはN極からS極の方向と定義されている．

G．導線とサーミスタの電気抵抗の温度依存性

1．概要

　図1は物質における電気抵抗の温度依存性を測定する実験装置の概観である．銅やアルミニウムなどの金属は電気をよく通す導体であり，導線を流れる電流 I と導線の電位差 V との間にはオームの法則

$$V = RI \tag{1}$$

が成り立つことが知られている．電気抵抗 R は導線の長さ l に比例し，断面積 S に反比例する．すなわち，

$$R = \rho l / S \tag{2}$$

である．ここで，係数 ρ は電気抵抗率と呼ばれ，物質の組成や温度などに依存する物理量である．金属の電気伝導では原子を構成する電子の一部が原子の束縛を離れ，伝導電子として電場（電界）による力を受けて動く．伝導電子の運動は原子の乱雑な熱振動に邪魔されるので，金属では図2のように電気抵抗率は温度 T とともに増加する．室温付近の温度 T_0 での電気抵抗率を ρ_0 とすると，温度 T では

$$\rho = \rho_0 \{1 + \alpha(T - T_0)\} \tag{3}$$

の関係式が成り立つ．ここで係数 α は温度 T_0 における電気抵抗率の温度係数である．例えばアルミニウムでは $T_0 = 0℃$ で $\rho_0 = 2.5 \times 10^{-8}\ \Omega \cdot m$，$\alpha = 4.2 \times 10^{-3}\ K^{-1}$ である．

　一方，図3のように電気抵抗が温度上昇とともに減少する物質もある．そのような物質の電気抵抗率は金属よりは大きく，絶縁体（不導体ともいう）よりは小さい．このような物質を半導体と呼ぶ．半導体の電気抵抗率の温度依存性は近似的に

$$\rho = \rho_0 \exp\left(\frac{\varepsilon}{2k_B T}\right) = \rho_0 e^{\frac{\varepsilon}{2k_B T}} \tag{4}$$

で与えられる．ここで，$e = 2.71828...$ は自然対数の底（ネイピアの数）を，$\exp(\cdots)$ は指数関数を表す．また，T は絶対温度（単位は K），k_B はボルツマン定数である．ε は活性化エネルギーと呼ばれる．

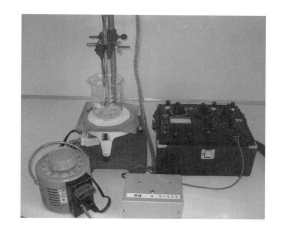

図1　「導線とサーミスタの電気抵抗の温度依存性」実験装置の概観

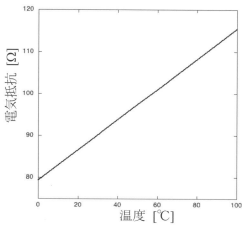

図2　金属の電気抵抗の温度依存性

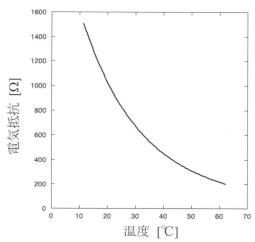

図3　半導体の電気抵抗の温度依存性

G．導線とサーミスタの電気抵抗の温度依存性

この実験で行うこと　＜導線とサーミスタの電気抵抗の温度依存性の測定＞

　電気抵抗率は物質の電子状態を反映する重要な物理量である．金属は電気抵抗の温度係数，半導体は活性化エネルギーという特徴量を持ち，それぞれが電気抵抗の温度依存性の測定により得られる．

　本実験では，図1に示されているホイートストンブリッジを用いて，導線として広く使われている銅と半導体の一種であるサーミスタについて，様々な温度における電気抵抗を測定することにより，電気抵抗の温度依存性を調べ，金属と半導体の違いを理解する．

２．原理
ａ．ホイートストンブリッジ回路を用いた電気抵抗測定

　電池と電流計，電圧計を試料に対して図4のように接続し，電流と電圧を読めば（1）式より電気抵抗を求められるはずである．しかし，図4の電流計が示す値は，試料を流れる電流だけでなく，電圧計を流れる電流も合わせた値である．場合によっては，電圧計を流れる電流の影響が無視できないこともある．そのような問題を避けるために考案されたホイートストンブリッジをこの実験では使用する．

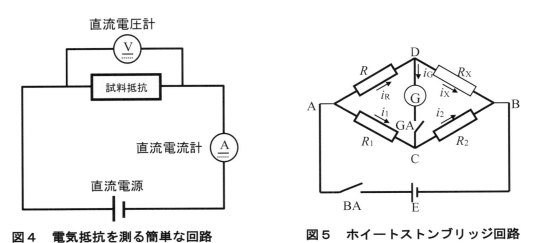

図4　電気抵抗を測る簡単な回路　　　**図5　ホイートストンブリッジ回路**

　ホイートストンブリッジの回路は図5の通りである．装置の内部では太い導線を使用し，電気抵抗を小さくしている．抵抗 R_1, R_2, R および R_X が

$$\frac{R_2}{R_1} = \frac{R_X}{R} \tag{5}$$

を満足するとき，スイッチ BA, GA を入れても検流計 G は振れない．これは次のように証明される．抵抗 R_1, R_2, R, R_X および検流計 G を流れる電流をそれぞれ i_1, i_2, i_R, i_X および i_G とする．検流計が振れない時は

$$i_G = 0, \ \ i_1 = i_2, \ \ i_X = i_R \tag{6}$$

であり，同時に C, D が等電位であることを意味するので，

$$i_1 R_1 = i_R R, \ \ i_2 R_2 = i_X R_X \tag{7}$$

が成り立つ．（6）式と（7）式より，（5）式が成立することがわかる．（5）式より，R_1, R_2, R が既知であれば未知抵抗 R_X は

$$R_X = R_2 \frac{R}{R_1} \tag{8}$$

として求められる.

　この実験で使用する ホイートストンブリッジを図6に示す. 測定する試料は未知抵抗接続端子間に接続する. また, このブリッジでは R, R_1 の値を個別に設定するのではなく, その比 R / R_1 を MULTIPLY ダイヤルで 0.001 から 1000 まで設定できるようになっている. さらに, 4つの測定辺ダイヤルは, R_2 の値の 1 から 1000 の各桁に対応していて, R_2 の値を 1〜11110 の範囲で設定できる. 未知抵抗 R_X は測定辺ダイヤル R_2 の値に MULTIPLY ダイヤルの指す倍率を掛けて求める. つまり,

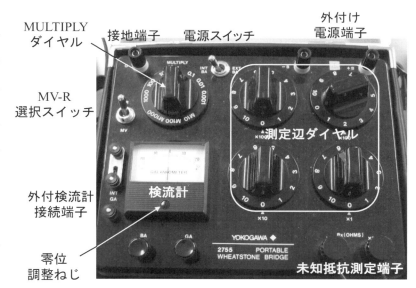

図6　ホイートストンブリッジ

$$R_X = （測定辺ダイヤルの指示の和）×（MULTIPLY ダイヤルの指示）[\Omega] \tag{9}$$

となる.

b．金属の電気抵抗

　温度が上昇すると金属を構成する原子が熱振動し伝導電子を散乱するので電気抵抗は大きくなる.
　室温付近での金属の電気抵抗は（2）式に（3）式を代入して

$$R = \frac{\rho_0 l}{S}\{1 + \alpha(T - T_0)\} = R_0\{1 + \alpha(T - T_0)\} = \alpha R_0 T + R_0(1 - \alpha T_0) \tag{10}$$

と表せる. ここで, $R_0 = \rho_0 l/S$ と置いた.（10）式より, 室温付近で電気抵抗 R は温度 T の一次関数であることがわかる（図2）. また, 電気抵抗の温度係数 α は

$$\alpha = \frac{1}{R_0}\frac{R - R_0}{T - T_0} \tag{11}$$

と書ける. $T_0 = 0℃$, $T_{100} = 100℃$ とすると（11）式は次式のようになる.

$$\bar{\alpha} = \frac{1}{R_0}\frac{R_{100} - R_0}{100} \tag{12}$$

ここで, R_0 は 0℃の時の電気抵抗値, R_{100} は 100℃の時の電気抵抗値である. $\bar{\alpha}$ を 0℃と 100℃での平均温度係数という.

c．半導体の電気抵抗

　半導体の電気抵抗には, 伝導電子だけでなく, 正の電荷を帯びているとみなせる正孔（ホール）の流れも寄与する. 半導体では, 温度が上昇すると伝導電子や正孔の数が増加する. この増加が電子の熱振

動による散乱の効果を上回るために，温度が上昇すると半導体の電気抵抗は小さくなる．

絶対温度 T での半導体の電気抵抗は（２）式，（４）式より

$$R = R_0 \exp\left(\frac{\varepsilon}{2k_B T}\right) = R_0 e^{\frac{\varepsilon}{2k_B T}} \qquad (13)$$

と表せる．（１３）式より半導体の電気抵抗は絶対温度の逆数 $1/T$ の指数関数であることがわかる．半導体の電子状態の詳細は**「６．基礎知識」**を参照のこと．

ｄ．活性化エネルギーの求め方

（１３）式の両辺の対数をとると次のようになる．

$$\log_{10} R = \log_{10} R_0 + \left(\frac{\varepsilon}{2k_B} \log_{10} e\right)\frac{1}{T} \qquad (14)$$

したがって，$x = 1/T$，$y = \log_{10} R$ とすると片対数のグラフは図７のように，$y = ax + b$ の直線の形をとる．ここで直線の傾き a は

$$a = \log_{10} e \times \frac{\varepsilon}{2k_B} = 0.4343 \times \frac{\varepsilon}{2k_B} \ [\text{K}] \qquad (15)$$

である．定数 k_B=8.617×10⁻⁵ [eV/K] を用いると，活性化エネルギー ε は

$$\varepsilon = \frac{2k_B}{0.4343} a = \frac{2 \times 8.617 \times 10^{-5}}{0.4343} a \ [\text{eV}] \qquad (16)$$

より求まる

片対数グラフ上の直線の傾きは，次のようにして求めることができる（詳しくは**「実験に関する基礎知識　３．」**を参照する）．図７において，$y = \log_{10} R$ が１だけ変わるのは $R = 100$ と $R = 1000$ の間である．（常用対数が１ほど変わるというのは元の数値で１桁変わることに相当するので，$R = 200$ と 2000 あるいは任意の R と $10R$ の間でも同じ．）直線が $R = 100$ を切るのは 2.817×10⁻³ であり，$R = 1000$ を切るのは 3.407×10⁻³ と読み取れるので，グラフの傾きは

$$a = \frac{\Delta y}{\Delta x} = \frac{\log_{10} 1000 - \log_{10} 100}{(3.407 - 2.817) \times 10^{-3}}$$

$$= 1.69 \times 10^3$$

と求めることができる．単位は [K] であることに注意する．

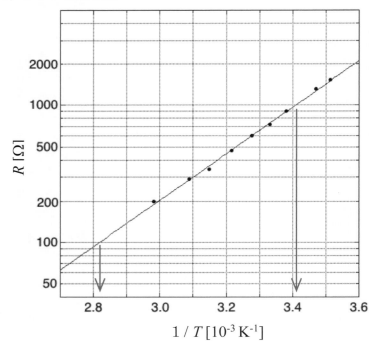

図７　温度の逆数 $1/T$ と抵抗 R の関係

96

３．装置

　ホイートストンブリッジ，スライダック，スタンド，温度計，ビーカー，撹拌器，電熱器，セラミック付金網，ガラス管に入った導線抵抗とサーミスタ，切替スイッチ，試行用の抵抗，純水製造装置（流し台にあるイオン交換水製造装置）

４．方法

ａ．準備：　ホイートストンブリッジの使い方

（１）試行用の抵抗をホイートストンブリッジの未知抵抗測定端子に接続する．MV-R 選択スイッチをR側に倒す．電源選択スイッチをINT　BA側に倒す．外付検流計接続端子に緩みがないことを確認する．

（２）MULTIPLYダイヤルの指示を1に，測定辺ダイヤルを1000に合わせる．BAスイッチを押しながらGAスイッチを瞬時押して検流計が＋，－どちらの方向に振れるかを見る．＋側に振れたとすると R_X は1000Ω（1 kΩ）より大きいことになるので，MULTIPLYダイヤルを10にして再びBA，GAスイッチを押し，指針の振れる方向を見る．今度は-側に振れたとすると，R_X は1 kΩと10 kΩの間にあることがわかる．

　　最初に検流計が-側に振れたら R_X は 1 kΩ より小さいので，指針の振れが＋側になるまでMULTIPLYダイヤルを逆に0.1, 0.01と下げていけばよい．測定の時は，BAスイッチを押しながらGAスイッチを短時間押すようにする．BAスイッチは押し続けないこと．

　　もし，この順序を逆にすると回路のインダクタンスなどでBAスイッチを押した時に検流計が振れ，測定辺ダイヤルの加減の方向を誤ることがある．

（３）MULTIPLYダイヤルが定まったら，次に測定辺ダイヤルの大きい桁から順に変えて，BAスイッチを押しながらGAスイッチを一瞬押す．検流計が+，-どちらの方向に振れるかを見ることでダイヤルを定めていき，最後に一番小さい桁の測定辺ダイヤルを合わせる．

（４）（９）式より試行用の電気抵抗値を求める．

ｂ．導線（金属）の電気抵抗測定

（１）電熱器のプラグがスライダックに接続されていることを確かめて，電熱器の上にセラミック付金網をのせ，その上に純水（イオン交換水）を2/3ほど入れたビーカーを置く．

（２）ビーカー内に撹拌器と，導線抵抗，サーミスタと温度計が入ったガラス管を図8のようにセットする．ガラス管はビーカー底から1cm程度まで近づける．

（３）ホイートストンブリッジの未知抵抗接続端子に切替スイッチの導線を接続し，切替スイッチを導線側に倒す．

（４）ａ.と同じ方法で室温での導線の電気抵抗値を求める．

（５）電気抵抗値に応じて，MULTIPLYダイヤル

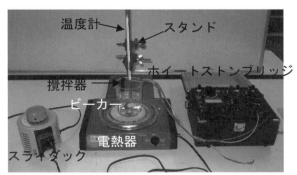

図8　装置の配置

97

の値はできるだけ小さい値を選ぶ．ただし，温度を100℃近くまで上昇させ，電気抵抗値が5割近く大きくなった時でも測定できる範囲に入るように考える．

（6）スライダックのプラグをAC100Vコンセントに接続する．電熱器で加熱して，常にブリッジの検流計の指示値が0となるように測定辺ダイヤルを調整し続ける．温度が約10℃上がったところで検流計の指示値が0になる電気抵抗値とその時の温度を読む．これを約90℃になるまで繰り返し，測定する．このとき，スライダックを加減して温度が適当な速さで上昇するように調節する．

注意：加熱中は常に水を撹拌し，電気抵抗が測定できた時の温度計の値を読む．温度を等間隔に測定する必要はない．水をセラミック付金網にこぼさないこと．

（7）温度を横軸，電気抵抗値を縦軸にとり，横軸の目盛りが0℃から100℃になるように注意してグラフを作成する．

（8）各測定点がなるべく載るような直線を引く．このとき，直線から各測定点がなるべく離れないようにする．この直線を延長し，0℃の時の電気抵抗値R_0と100℃の時の電気抵抗値R_{100}を読み取る．このようにグラフ上で測定した範囲の外まで直線を引いて値を求める事を外挿という．

（9）（12）式にR_0, R_{100}を代入して電気抵抗の平均温度係数 $\bar{\alpha}$ を求める．

c．サーミスタの電気抵抗の測定

（1）ビーカー内の純水（イオン交換水）を入れ替えた後，ホイートストンブリッジの未知抵抗接続端子へ接続した切替スイッチをサーミスタ側に変更する．

（2）**b**．の導線抵抗の測定と同様にして，サーミスタの電気抵抗値の温度変化を室温から約90℃になるまで測定する．ただし，50℃以下ではおよそ5℃ごとに，50℃以上では15〜20℃ごとに測定すること．

（3）測定しながらそのつど温度Tと電気抵抗値Rの関係のグラフを描き，温度が上昇すると電気抵抗値が減少することを確認しながら温度を上げていく．

（4）片対数グラフ用紙を用いて，絶対温度の逆数（$1/T$）を横軸に，電気抵抗値Rを縦軸にとってグラフを描く（片対数グラフの描き方およびグラフの傾きの求め方は，本書の**「実験に関する基礎知識　3．」**を参照する）．絶対温度にするには℃に273.1を加える．

（5）（16）式より活性化エネルギーを求める．

補足

いったん抵抗の大きさが分かれば，2度目の測定にあたっては切替スイッチを切り替えながら，導線とサーミスタの抵抗値を交互に測りながら温度を上げることもできる．

５．結果 [　　]の中には適当な単位を記入する．

（１）試行抵抗の電気抵抗値

MULTIPLY ダイヤルの値 ＿＿＿＿＿　　測定辺ダイヤルの値 ＿＿＿＿＿＿

試行抵抗の値 　　　　[　　　]

（２）導線抵抗

表＿＿＿ ＿＿＿＿＿＿＿＿＿＿＿＿＿＿＿＿＿＿＿＿

温度[　　]							
電気抵抗[　　]							

（３）温度と電気抵抗（導線）の関係のグラフ

図＿＿＿ ＿＿＿＿＿＿＿＿＿＿＿＿＿＿＿＿＿＿＿＿

（グラフから読み取れることを記述する）
- -

- -

グラフより　$R_0=$ 　　　　[　　　], 　　　　$R_{100}=$ 　　　　[　　　]

平均温度係数

$$\overline{\alpha} = \frac{1}{R_0}\frac{R_{100}-R_0}{100} = \frac{1}{} \times \frac{-}{100} = \qquad [\qquad]$$

（４）サーミスタの電気抵抗

表＿＿＿ ＿＿＿＿＿＿＿＿＿＿＿＿＿＿＿＿＿＿＿＿

温度 [　　]	絶対温度[　　]	絶対温度の逆数[　　]	電気抵抗値 R[　　]

（５）温度と電気抵抗（サーミスタ）の関係のグラフ（通常目盛）

図____ _____

（グラフから読み取れることを記述する）

（６）絶対温度の逆数と電気抵抗（サーミスタ）の関係のグラフ（片対数目盛）

図____ _____

（グラフから読み取れることを記述する）

　　グラフの直線上の２点　（　　　，　　　）（　　　，　　　）より傾きは

$$a = \frac{\quad - \quad}{\quad - \quad} = \frac{\quad}{\quad} = \qquad [\mathrm{K}]$$

活性化エネルギーは（１６）式より

$$\varepsilon = \frac{2k_\mathrm{B}}{0.4343}a = \frac{2 \times 8.617 \times 10^{-5}}{0.4343}a$$

$$= \qquad$$

$$= \qquad [\mathrm{eV}]$$

（７）実験を通して気づいたこと

　　実験日時　　　年　　月　　日（　）　天候　　　気温　　　[℃]

参考

　共同実験者氏名 _____

　共同実験者の結果　$\bar{\alpha} =$ 　　　[　　]，　　　$\varepsilon =$ 　　　[　　]

６．基礎知識

ａ．結晶中の電子とエネルギー帯

原子に束縛されていない電子（自由電子）は任意の値のエネルギーを持つことができる．これに対して，原子に束縛された電子は図９（ａ）に示されたようなとびとびのエネルギー準位の値しか取ることができない．他方，原子が多数集まって結晶を構成すると，図９（ｂ）のようにエネルギー準位はきわめて接近したエネルギー準位からなる群をつくる．これをエネルギー帯（エネルギーバンド）という．１つのエネルギー帯と次のエネルギー帯との間にエネルギー準位が存在しない領域がある場合に，これを禁止帯（バンドギャップ）と呼ぶ．

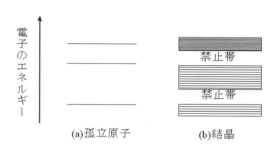

図９　電子のエネルギー状態
　(a)孤立原子内の電子のエネルギー準位
　(b)結晶内の電子のエネルギーバンド

ｂ．導体・半導体・不導体のエネルギー帯構造

導体である金属のエネルギー帯は，図１０（ａ）のような構造になっている．エネルギー準位を電子が完全には占めていない伝導帯がある．伝導帯にある電子は電場が加えられると容易に移動することができるので，金属は電気をよく通す．

一方，不導体（絶縁体）のエネルギー帯は，図１０（ｂ）のような構造になっている．電子は充満帯をぎ

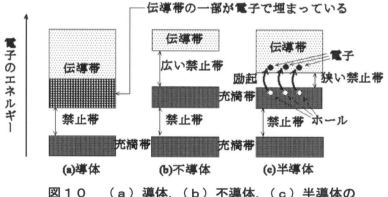

**図１０　（ａ）導体，（ｂ）不導体，（ｃ）半導体の
エネルギー帯構造**

っしり占め，その上には広い禁止帯があり，電子は容易には伝導帯に入ることができない．充満帯の電子は電場を加えても移動できないので，不導体は電気をほとんど通さない．

導体と不導体の中間程度の電気伝導率（電気の通しやすさを表す量で，電気抵抗率の逆数になる）を持つ半導体のエネルギー帯は，図１０（ｃ）のような構造となっている．不導体と同様に，充満帯の上部に禁止帯があり，その上部に電子の存在しない伝導帯があるが，不導体に比べて半導体は禁止帯の幅が狭い．そのため，熱運動のエネルギーによって，充満帯にある電子の一部が，容易に禁止帯を飛び越えて伝導帯に入ることができる（このような現象を励起という）．このような状態になると伝導帯の電子は自由に移動でき，充満帯にできた正孔（励起電子の抜けた跡，ホールともいう）も電場によって移動できるようになり，電気を通すようになる．ただし，半導体において電気伝導に寄与する伝導帯の電子や充満帯のホールの数は，金属における伝導帯の電子の数に比べてかなり少ないので，電気伝導率は金属に比べて桁違いに小さい．

なお，実用に供されている半導体では不純物原子を混ぜ，熱エネルギーで容易に励起して伝導に寄

与する余分な電子（あるいは正孔（ホール））を供給して電気伝導度を上げている（**「H．ダイオードとトランジスタの特性」**を参照する）．

c．半導体の電気抵抗の温度依存性

　サーミスタは酸化物半導体であり，電気抵抗の温度係数が大きいことを利用した一種の抵抗器の名称である．家庭用電気製品において温度制御に使われていることがある．半導体では温度が上昇すると伝導電子（または正孔（ホール））の数が増加するので，電気抵抗は小さくなる．つまり電気抵抗の温度係数が負になる．半導体の電気抵抗 R の温度依存性は（８）式で表現できる．

　一般に半導体とは，元素の周期律表では金属と非金属の中間に位置し，導体と不導体（絶縁体）の中間の電気抵抗率を持つ物質である．元素としては，ケイ素（Si），ゲルマニウム（Ge）およびガリウムヒ素（GaAs）などがある．真性半導体結晶では絶対零度において充満帯の上部まで電子で満たされているが，禁止帯で隔てられた伝導帯には電子が存在しないので電流は流れない．しかし禁止帯のエネルギー幅が比較的狭いので，充満帯の電子は熱エネルギーによって容易に伝導帯へ励起され，充満帯に正孔（ホール）が残り，これらが電気伝導に寄与することになる（図１０（c））．よって，半導体では温度が上昇すると伝導電子（または正孔（ホール））の数が増加するので，電気抵抗は小さくなる．つまり負の電気抵抗の温度係数を持つことになる．真性半導体では，電子の数 n_e と正孔の数 n_h は等しくなり，

$$n_e = n_h \propto \exp\left(\frac{-\varepsilon}{2k_B T}\right) \tag{18}$$

と書くことができる．電気伝導率 σ は電子と正孔（ホール）の寄与の和であるので，n_e，n_h と各々の動きやすさを表す移動度 μ_e と μ_h を用いて，

$$\sigma = |e|\left(n_e|\mu_e| + n_h\mu_h\right) \tag{19}$$

となる．ここで e は電子の電荷である．$|\mu_e|$ と μ_h の温度変化は，n_e，n_h の温度変化（指数関数的）に比べて緩やかであるので定数とみなすことができる．その結果，σ の温度変化は $\exp(-\varepsilon/2k_B T)$ に比例することがわかる．また，電気抵抗率 ρ は σ の逆数であるので，

$$\rho = \frac{1}{\sigma} = A\exp\left(\frac{\varepsilon}{2k_B T}\right) \tag{20}$$

と書くことができる．また，電気抵抗 R は ρ に比例するので，半導体の電気抵抗 R の温度依存性は（１３）式で与えられる．

H．ダイオードとトランジスタの特性

1．概要

ダイオードとトランジスタという言葉は日常生活で
よく耳にするだろう．これらは電気抵抗やコイルとい
った電気回路素子とは少々異なった電圧－電流特性を
持つ．この特性を図1の装置で測定する．まず，ダイ
オードとトランジスタの機能について簡単に説明す
る．

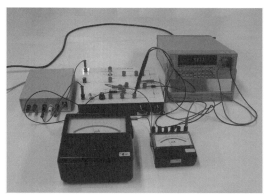

**図1　「ダイオードとトランジスタの特性」
実験装置の概観**

a．スイッチと増幅

携帯電話やパソコンはどのような仕組みで動作する
のだろうか．

さまざまな電子機器の動作を細かく調べると，そこには必ず「スイッチ」という動作が含まれている
ことがわかる．電源のスイッチだけでなく，携帯電話の機能の切り替え，画面の切り替え，通話とメー
ルの切り替えなど，全てがスイッチの動作である．パソコンの画面に文字や画像が現れるのは，画面上
の小さな点（ピクセル）の輝き方が切り替えられているからである．もちろん日常的に目にする機械的
なスイッチとは異なり，これらのスイッチは電気的な方法で動作する．電子回路の中でスイッチを行
っているのがダイオードとトランジスタである．

また，電子機器の「増幅」という動作も重要である．携帯電話が受信する電波は大変微弱であり，そ
のままでは電話の音声としてもメールの文字としても認識できない．電波を受信して電流とし，それ
を増幅することで音声や文字の情報として扱えるようになる．パソコンでも，内部の電子回路の信号
はきわめて微弱である．それを増幅することで画面に文字として表示でき，またスピーカーからの音
声として人の耳に聞こえるようになる．この増幅を担っているのもトランジスタである．

b．ダイオードとトランジスタ

ダイオードもトランジスタも，半導体と呼ばれる物質を使った電子部品である．半導体はあらゆる
エレクトロニクス（電子工学）の基礎となる物質であり，そのもっとも基本的な使い方がダイオードと
トランジスタなのである．

ダイオードは2本の導線を持つ電子部品である．片側の導線から反対側の導線へ電流を流すことが
できるが，逆向きにはほとんど電流が流れない．まさにスイッチの動作である．トランジスタは3本
の導線を持ち，それぞれエミッタ（E），コレクタ（C），ベース（B）と呼ばれる．ベースに流れ込む電
流が少し変化すると，コレクタからエミッタへ向けて大きな電流の流れの変化が起こる．これがトラ
ンジスタの電流増幅作用である．

この実験で行うこと ＜ダイオードのスイッチ動作（整流作用）とトランジスタの増幅動作を調べる＞

　本実験では，ダイオードとトランジスタを組み込んだ回路に流れる電流や電圧を測定し，スイッチ動作（整流作用）と増幅動作を調べる．

　詳しくは以下で説明する．本来なら電子部品とハンダによって実験回路を作成してさまざまな測定を行いたいのだが，それでは時間がかかりすぎてしまう．この実験ではすでに製作されているシャーシ（回路箱）を利用し，その中に収められたダイオードとトランジスタを使う．シャーシを裏返してダイオードやトランジスタを見ておくとよい．

２．原理

　ここではダイオードとトランジスタの性質について少し詳しく説明する．一通り目を通したら，枠内の部分と式の部分は記憶に留めておくこと．

a．半導体の基礎

　金属は電気をよく通し，導体と呼ばれる．逆にガラスやプラスチックの大部分はほとんど電気を通さず，絶縁体と呼ばれる．これらの中間の電気伝導度を持つ物質が半導体である．シリコン（Si）とゲルマニウム（Ge）が半導体の代表的物質である．物質中には電気の運び手となる粒子＝キャリアと呼ばれる粒子が存在する．キャリアが多ければ一般的に電気はよく流れる．キャリアの数は電気の流れやすさ（電気伝導度）を決める重要なパラメータである．

　「**G．導線とサーミスタの抵抗の温度依存性**」の実験でわかるように，金属では温度上昇で電気抵抗が増えるのに対して，減るのが半導体の特徴である．

n 型，p 型

　純粋なシリコン（Si）やゲルマニウム（Ge）は真性半導体と呼ばれる．真性半導体にアンチモン（Sb），ヒ素（As），インジウム（In），アルミニウム（Al）などの微量の不純物を加えたものが不純物半導体である．

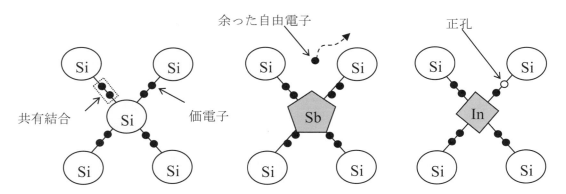

（ａ）真性半導体　　　（ｂ）自由電子があるｎ型半導体　　（ｃ）正孔があるｐ型半導体
図２　共有結合とキャリア

　半導体の内部で原子と電子がどのような状態になっているか考えてみよう．半導体の素材である第IV族元素のゲルマニウムやシリコンなどの原子は４個の価電子（最外殻の電子）を持つ．そのため，

周囲の 4 個の原子どうしが価電子を共有しあう状態（共有結合）となって結晶をつくっている（図2（a））．この状態は安定であり，原子の周囲の電子はほぼ束縛された状態となっている．これが真性半導体である．

これに不純物としてアンチモン（Sb）やヒ素（As）のような 5 価の原子が混入されると，これらの原子が持つ 5 個の価電子のうち 4 個の価電子はシリコン（またはゲルマニウム）と結合するが，残りの 1 個は結合できずに自由電子となる．この自由電子がキャリアである．自由電子は移動できるので，導電性を持つことになる（図2（b））．このような半導体を n 型半導体と呼び，n 型の性質を与える第 V 族の原子をドナー原子と呼ぶ．

不純物としてインジウム（In）やアルミニウム（Al）のような 3 価の原子を混入すると，これらの原子が持つ 3 個の価電子は全てシリコン（またはゲルマニウム）と結合するが，価電子が 1 個不足し電子の孔（穴）が生ずる．この孔を正孔（ホール）と呼ぶ．この正孔は電子と絶対値の等しい正電荷を持つ粒子のようにふるまい，半導体中を自由に動きうる（図2（c））．この正孔もキャリアである．このような半導体を p 型半導体と呼ぶ．また p 型の性質を与える第 III 族の原子をアクセプターと呼ぶ．

b．ダイオード

（1）ダイオードの基本的性質

p 型と n 型の半導体を接合して，おのおのに電極をつけたものを p - n 接合型ダイオードという．

> p - n 接合型ダイオードは
> ・ p 型に正，n 型に負の電圧をかけると，電流が流れる
> ・ p 型に負，n 型に正の電圧をかけると，電流が流れない

という性質がある（スイッチの基礎）．これを整流作用という（**「6．基礎知識 a」**参照）．

（2）電圧と電流の関係式

普通の抵抗では，抵抗の両端の電圧 V と流れる電流 I の間にオームの法則 $I = V/R$ が成り立つ．R は電気抵抗であり，図3の点線の直線で示すように I は V に比例する．これに対して理想的な p - n 接合型ダイオードでは，指数関数 $e^x = \exp(x)$ を使って

$$I(V) = I_s\left\{\exp\left(\frac{eV}{k_B T}\right) - 1\right\} \qquad (1)$$

の関係式が成り立つことが知られている．ここで e は電子の電荷，k_B はボルツマン定数，T は接合面の温度（絶対温度）である．これをダイオードの電流－電圧特性と呼び，それをグラフに表したものを特性曲線と呼ぶ．横軸に電圧，縦軸に電流をとって特性曲線を模式的に描いたものが図3の実線の曲線である．この式が意味することは，順方向では電流は電圧に対して指数関数的に，急激に増大するということ，そして逆方向では飽和電流 I_s と呼ばれるごくわずかな電流しか流れない，ということである．ここでは理論の詳

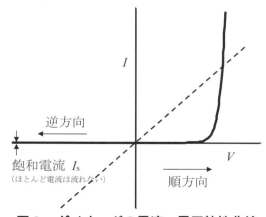

図3　ダイオードの電流－電圧特性曲線

105

しい説明はしないが，なぜこのような式が得られるのか興味がある人は，各自で調べてみるとよい．

（3）ダイオードの実験

ダイオードの実験では，p‐n接合の電圧Vと電流Iの関係を実験によって調べ，特性曲線を描き，理論式との比較を行う．順方向には電流が流れ，逆方向には電流が流れない，というスイッチの動作を明らかにするのが目的である．

ところで，この実験の測定条件下では，理論式である（1）式の指数関数の値が1に比べて十分大きいため，

$$I = I_s \exp\left(\alpha \frac{eV}{k_B T} \right) \tag{2}$$

と近似できる．ここで，（1）式では考慮されていない係数α（理想的なダイオードでは1であるが，通常は$0.5 < \alpha < 1$の大きさをとる）を考慮している．この式の両辺の対数をとると，

$$\log_{10} I = \log_{10} I_s + \alpha \frac{eV}{k_B T} \log_{10} e \tag{3}$$

電気素量 e

自然対数の底（ネイピア数） e

となる．この式は「ダイオードの順方向に流れる電流の対数は，電圧の1次式である」ことを意味している．

注意：（3）式では電気素量と自然対数の底が同じ
　　　記号eで表されているが，混同しないよう
　　　気をつける！

図4に片対数目盛りのグラフの例を示す．このグラフの傾きからαの値を求めるやり方は**「実験に関する基礎知識　3．片対数グラフ」**の項を参考にする．但し，直線に合わせるのは電流が0.5 mA以上の範囲とする．また，ダイオードの温度をT=300 Kとし，$k_B T$=0.02585 eV の値を使ってよい．（注：エネルギーの単位 eV を使うときは電気素量は1，電圧 V はボルト単位になる．）　さらに$\log_{10} e = 0.4343$であるので，

$$\alpha = \left(\begin{array}{c} 図4 \\ の傾き \end{array} \right) \times \frac{0.02585}{0.4343} \tag{4}$$

である．

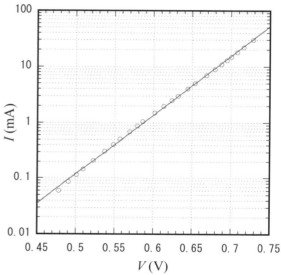

図4　ダイオードの電流 I と電圧 V の関係
　　　電流は対数値．実線は直線関係を仮定．

ｃ．トランジスタ

（１）トランジスタの基礎

薄い p 型半導体を両側から n 型半導体で挟んだ素子を npn 型トランジスタという（n 型を p 型で挟んだ pnp 型トランジスタと呼ばれるものもある）．中央の p 型領域をベース B，n 型の中の一方をエミッタ E（キャリアを放出する意味名称），他方をコレクタ C（キャリアを集める意味）と呼ぶ（図5）．

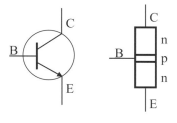

図5　npn 型トランジスタ

「**6．基礎知識　b**」で説明しているように，npn 型トランジスタは次の働きをすることがわかる：

- コレクター-エミッタ間に電圧をかけただけでは，コレクター-ベース間が逆方向電圧となるので電流は流れない．この状態でベース-エミッタ間に電圧をかけると，ベース-エミッタ間は順方向電圧となるので電流が流れる．
- この時，ベースを通過する電子の働きにより，コレクタ電流も流れる．したがって，ベース電圧を ON/OFF と変化させることにより，コレクタ電流の ON/OFF を制御できる．ベース電圧はコレクタ電流のスイッチとなっている．
- エミッタからベースに到達した電子の大部分はコレクタへ達するため，コレクタ電流はベース電流よりはるかに大きい．すなわち，トランジスタの機能の1つはベース電流を増幅してコレクタ電流とすることである．

（２）トランジスタの実験

エミッタを 0 V にしたままベースに加える電圧を少しずつ上げていくと，ベース電流 I_b とコレクタ電流 I_c は図6のように変化する．その変化をそれぞれ ΔI_b, ΔI_c とすると，電流増幅率は

$$h = \frac{\Delta I_c}{\Delta I_b} \tag{5}$$

となる．この値を求めるのがトランジスタの実験である．この時，コレクター-エミッタ間の電圧 V_{ce} を一定に保つことが必要である．

３．装置

デジタルマルチメータ（8ページ「8．デジタルマルチメータ」を参照し，電圧計として使用する），電流計2台（mA 用，μA 用；**水平に置いて使用するタイプ**），直流電源，実験回路箱（抵抗，可変抵抗，スイッチ，ダイオード，トランジスタを内蔵する），配線用ケーブル4対（パーツボックスに，予備のケーブルと共に入っている）．

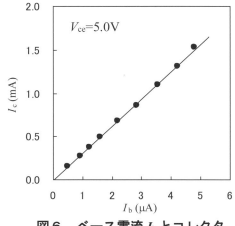

図6　ベース電流 I_b とコレクタ
電流 I_c の関係

107

４．方法

ａ．実験回路

　測定のための配線は図7に示すシャーシ（回路箱）を用いて行う．シャーシ内部には電子部品（抵抗など）が組み込まれ，一部の配線がなされ（実線），また丸印で示した部分が箱の上部に接続端子（ターミナル）として現れている．以下の実験では，ターミナルを利用して配線をつくる．なお，抵抗 r_1, r_2 は誤った接続などで電流計が破損するのを防ぐために入れるものである．また，トランジスタ実験のノイズ除去のため BG 間にコンデンサーを挿入している．

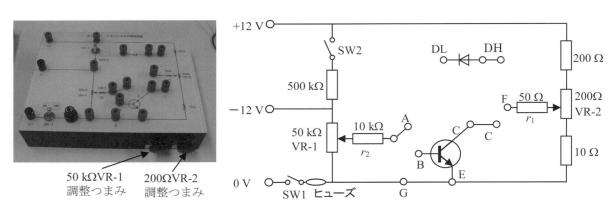

図7　シャーシの概観（左）と各素子の配置（右）

ｂ．ダイオードの測定

（1）順方向電圧と電流

　まず，図8のように配線しよう．そのためには，図7において接続端子 F を電流計（mA 用）の＋端子に接続する．次に，電流計の30 mA 端子（−端子の１つ）を端子 DH に接続し，端子 DL を端子 G に接続する．これで抵抗 r_1 とダイオードを通る回路ができた．さらにデジタルマルチメータ（電圧計）の電圧＋側入力端子（VΩ，赤いプローブ）を端子 DHに，−側入力端子（COM，黒いプローブ）を端子 DL に接続する．最後にシャーシの+12 V端子と０V 端子を直流電源の+12 V 端子と０

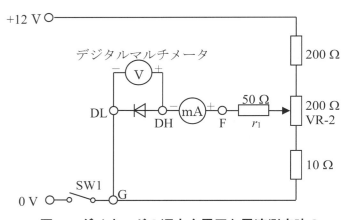

図8　ダイオードの順方向電圧と電流測定時の各素子の配置

V 端子（図9参照）にそれぞれ接続する．この結果，図8と同等になっていることを確認する．

　図8の回路の読み方は以下のとおりである．抵抗 r_1 からダイオードを通る部分を無視すると，電流は左上の「+12 V」から，左下の「0 V」へ流れている．200 Ω VR-2 は可変抵抗である．ツマミを回すことによって，抵抗 r_1 が接している部分を図の中で上下させ，

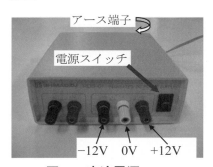

図9　直流電源

したがって，r_1 とダイオードに加える電圧を変化させることが可能である．ダイオードに加えられている電圧はデジタルマルチメータで，ダイオードに流れる電流は電流計で，それぞれ読み取れる．電圧計を電流が流れるのではないか，と気になる人がいるかもしれない．ここで用いるデジタルマルチメータは極めて高い内部抵抗（2000 mV 以下の測定レンジでは 1 GΩ）を持っているため，mA 用電流計での電流測定への影響は無視できる．

  注意：目盛板に鏡の付いた電流計は水平に置く．電流を読み取る際には，鏡に映った針の像と
    実物の針が 1 つに重なるように真上から見て，電流値を読み取るよう注意する．

準備が完了したら次のようにして測定する．

i) 直流電源のスイッチとシャーシの SW1 を ON にする．

ii) 200 Ω VR-2 のつまみを回してダイオードの電圧を変化させ，ダイオードの順方向電圧と電流の関係を測定する．測定の際には，次の点に注意する．

- 電流があまり流れすぎないように注意し，**0.1 mA〜25 mA** の範囲内で測定する．
- 電流計の–端子（30，10，3，1，0.3 mA）は，測定する電流の大きさに応じてつなぎ替える．
- データは「**5．結果の（1）**」の表に記入する．
- 測定をしながらグラフを作成する．グラフは通常目盛りのグラフと，電流軸を対数目盛りにとったグラフ（片対数グラフ）の両方を描く．通常目盛りのグラフは図3の右側のようになるはずである．（ただし，グラフの横軸の目盛りは0から始めずに測定データに合わせて選ぶ．）
- データの間隔が開きすぎていてグラフの線を引きにくい場合は，測定するデータを増やす．

（２）逆方向電圧と電流

次に，図１０のように配線し，逆方向電圧と電流の関係を調べる．そのためには図7において端子 G を端子 DL に接続する．次に端子 DH を電流計（μA 用）の＋端子に，電流計の－端子を端子 A に接続する．さらにデジタルマルチメータの＋端子を端子 G に，－端子を端子 A に接続する．最後にシャーシの–12 V 端子と 0 V 端子を，直流電源の–12 V 端子と 0 V 端子にそれぞれ接続する．

逆方向電流はごく微小なので，微小な電流を測定できる電流計（μA 用）を用いる．デジタルマルチメータの位置が図8とは違っていることに注意する．デジタルマルチメータの測定レンジが 20 V の場合，内部抵抗は 10 MΩ になる．例えば 10 V の電圧を測定すると，デジタルマルチメータに 1 μA の電流が流れてしまう．このような電流を電流計で測らないようにするために図１０のように配線する．これは微小な電流を測定する時に

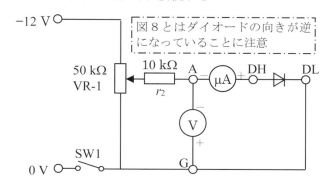

図１０　ダイオードの逆方向電圧と電流測定時の各素子の配置

重要な工夫である．ただし，測定される電圧は電流計の電圧（電流計の内部抵抗×電流）を含んだ値であるが，今の場合は電流計の電圧は小さい．

配線ができたら，直流電源のスイッチとシャーシの SW1 を ON にする．50 kΩ VR-1 のツマミを回し

てダイオードに加える電圧を最大約 12V まで変化させて電流を測定し，逆方向の電流が流れないことを確認する．**「５．結果の（４）」**の表にデータを記入する．測定が終わったら，直流電源のスイッチをOFF にする．

ｃ．トランジスタ
（１）ベース電流とコレクタ電流

図１１のように配線するために，次のように接続する．①端子 A と μA 用電流計の＋端子を接続，②μA 用電流計の－端子と端子 B を接続，③端子 F と mA 用電流計の＋端子を接続，④mA 用電流計の－端子と端子 C を接続，⑤デジタルマルチメータの＋端子を端子 C に接続，⑥デジタルマルチメータの－端子を端子 G に接続，⑦シャーシの+12 V 端子と 0 V 端子を直流電源の+12 V 端子と 0 V 端子にそれぞれ接続する．

配線ができたら，直流電源のスイッチ，シャーシの SW1 と SW2 を ON にする．50 kΩ VR-1 を変化

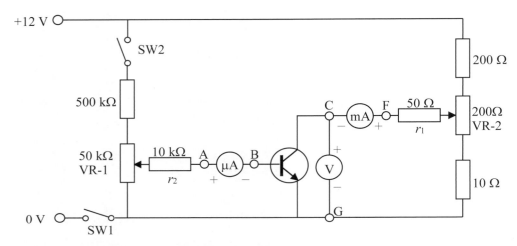

図１１　トランジスタにおけるベース電流 I_b とコレクタ電流 I_c を測定するときの各素子の配置（V_{ce} は一定）

させることでベースに加える電圧を変化させ，ベース電流（I_b, μA 用電流計で測定）とコレクタ電流（I_c, mA 用電流計で測定）を記録する．例えば，$V_{ce} = 5.0$ V で測定するには次のようにすればよい．

i) 50 kΩ VR-1 を調節して $I_b = 5$ μA 程度に合わせる．

ii) 200 Ω VR-2 を調節して $V_{ce} = 5.0$ V 程度に合わせる．

iii) I_b と I_c の値を読み取り，**「５．結果（５）」**の表にデータを記入する．

iv) 50 kΩ VR-1 を調節して I_b の値を変える．

以下 ii), iii), iv)を繰り返す．測定をしながら，図６のようなグラフを作成する（V_{ce} の値をグラフ内に記入すること）．

共同実験者と交代し，異なる V_{ce} の値で測定する．

（２）電流増幅率の計算

グラフの勾配から（５）式の電流増幅率 h を求める．

５．結果　　[　　]の中には適当な単位を記入する．

（1）ダイオードの順方向電圧と電流

表＿＿＿　＿＿＿＿＿＿＿＿＿＿＿＿＿＿＿＿＿＿＿

電圧　[　　]	電流　[　　]	電圧　[　　]	電流　[　　]	電圧　[　　]	電流　[　　]

（2）ダイオードの順方向電流と電圧の関係のグラフ（通常目盛）

図＿＿＿　＿＿＿＿＿＿＿＿＿＿＿＿＿＿＿＿＿＿＿

（グラフから読み取れることを記述する）

（3）ダイオードの順方向電流と電圧の関係のグラフ（片対数目盛）

図＿＿＿　＿＿＿＿＿＿＿＿＿＿＿＿＿＿＿＿＿＿＿

（グラフから読み取れることを記述する）

　　　片対数グラフの直線上の２点　（　　　，　　　）（　　　，　　　）より片対
数グラフの傾きと係数 α の値（電圧は[V]に変換すること）

$$\alpha = \left(\frac{-}{-} \right) \times \frac{0.02585}{0.4343} =$$

（4）ダイオードの逆方向電圧と電流

表 ____ _____

電圧　　[　　　]	電流　　[　　　]

（5）トランジスタのベース電流 I_b とコレクタ電流 I_c

表 ____ _____

$V_{ce}[--]$									
$I_b[--]$									
$I_c[--]$									

電圧の平均値　　　　　　　　[　　]

（6）トランジスタのベース電流 I_b とコレクタ電流 I_c の関係のグラフ

図____ _____

（グラフから読み取れることを記述する）

- -

- -

グラフの直線上の２点　　（　　　，　　　）と（　　　，　　　）より，電流増幅率は

$$h = \frac{\Delta I_c}{\Delta I_b} = \frac{-}{-} = \frac{-}{-} =$$

（7）実験を通して気づいたこと

- -

- -

- -

- -

- -

実験日時　　　年　　　月　　　日（　）天候　　　気温　　　[℃]

共同実験者氏名 _____

共同実験者の α の値 _____

トランジスタのベース電流 I_b とコレクタ電流 I_c

表 ____ _____

$V_{ce}[--]$									
$I_b[--]$									
$I_c[--]$									

電圧の平均値　　　　　　　　[　]

トランジスタのベース電流 I_b とコレクタ電流 I_c の関係のグラフ

図____ _____

（グラフから読み取れることを記述する）

- -

- -

グラフの直線上の2点　（　　　,　　　）と（　　　,　　　）より，電流増幅率は

共同実験者の電流増幅率の値　$h = \dfrac{\Delta I_c}{\Delta I_b} = \dfrac{-}{-} = \dfrac{-}{-} =$

113

６．基礎知識

ａ．ダイオード

図１２に整流作用の動作原理を示す.

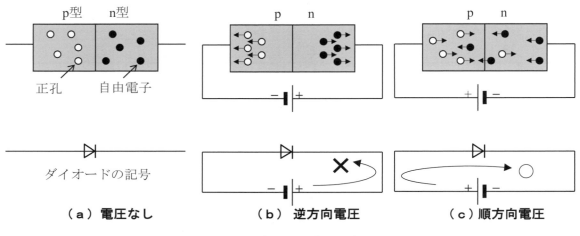

図１２　ダイオードの動作原理

図１２（ａ）：電圧のかからない状態である．この状態では何も起きない．

図１２（ｂ）：ｎ型半導体の電位をｐ型半導体の電位より高くすると，ｎ型の中の電子と，ｐ型の中の
　　　　　　　正孔はそれぞれに接する電極に引かれてしまうので接合面の付近ではキャリアがなく
　　　　　　　なり，電流はごくわずかしか流れない．このような電圧のかけ方を逆方向と呼ぶ.

図１２（ｃ）：ｎ型の電位をｐ型より低くすると，ｎ型の中の電子とｐ型の中の正孔は接合面に集まって
　　　　　　　くる．また電極の付近ではそれぞれの電極から電子や正孔が補給される．したがって，
　　　　　　　全体にわたって電荷を運ぶ電子や正孔の密度が増し，大きい電流が流れる．このよう
　　　　　　　な電圧のかけ方を順方向という.

ところで，理想的なダイオードでは（３）式および（４）式の係数 α は１であるが，現実のダイオードでは１より小さい値となる．本実験のような電圧では0.6~0.7である.

なお，電子の動く方向と電流の流れる方向は逆向きである．これは歴史的な経緯によるもので直感に反するが，そういうものと理解してほしい.

ｂ．npn 型トランジスタの基本的動作

図１３は npn 型トランジスタの動作原理を示す.

図１３（ａ）：コレクタに電圧をかけ，ベースとエミッタを接地（電圧を０Ｖにすること）すると，
　　　　　　　コレクタとベースの接合面は逆方向となり，キャリアは存在しない．したがって，電
　　　　　　　流は流れない.

図１３（ｂ）：次に，ベースの電圧を上げると，エミッタとベースの接合面は順方向となりキャリア
　　　　　　　が存在する．このためベースからエミッタに電流 I_b（ベース電流）が流れる．すなわ
　　　　　　　ちエミッタからベースの中に電子が入っていき，ベース内で拡散し，ベース電極に到
　　　　　　　達する（ここまではダイオードの動作と同じ）.

トランジスタの場合，ベース部が薄く作られており，コレクタが接合されている．そのためエミッタから流れ込んでベース内で拡散した電子のうち，ベースの電極へ流れる電流となるのは一部であり，大部分の電子はベースを通過してコレクタに達する．すなわちコレクタ，ベース間は逆方向にもかかわらず，コレクタ電流 I_c が流れる．ベース電流よりもコレクタ電流ははるかに大きい．つまりベース電圧を上げて電流を少し流すと，コレクタでは増幅された大きな電流が流れるのである．

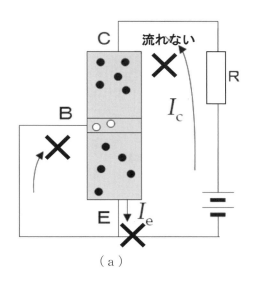

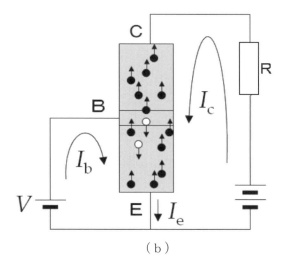

図１３　npn 型トランジスタの動作原理
（a）　ベースが接地の場合
（b）　ベース電圧 V をかけた場合
（c）　回路図で示した電流

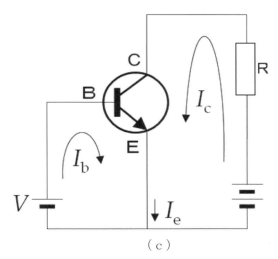

ⅠA．オシロスコープによる整流回路の観測

1．概要

　理科の実験でよく使われる針の振れで電圧を読み取る電圧計では，ゆっくりした時間変化でない限り，電圧の時間変化のようすを調べるのは難しい．これに対して，図1のようなオシロスコープは横軸に時間，縦軸に電圧という形のグラフを画面上に自動的に描いてくれる便利な装置である．しかも，時間の目盛りを広い範囲で切り替えることができ，1000分の1秒（ミリ秒，ms または msec と書く）や百万分の1秒（マイクロ秒，μs またはμsec と書く）といった短い時間の電圧変化を表示することができる．

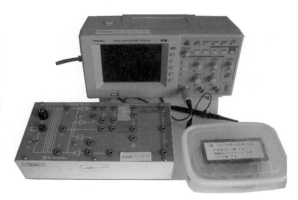

図1 「オシロスコープによる整流回路の観測」実験装置の概観

この実験で行うこと　＜オシロスコープによる整流回路の観測＞

　本実験ではダイオードとコンデンサーと抵抗を組み合わせた整流（平滑）回路を通った電圧波形をオシロスコープにより観測し，ダイオードとコンデンサーの役割，抵抗と組み合わせた回路の仕組みを理解し，直流電源回路としての内部抵抗を決定する．

2．原理
正弦波

　図2のように一定の振幅と周期をもち，その波形が正弦関数（sin 関数）で表されるものを正弦波という．正弦波の電圧波形では正・負が周期的に変化するので，その電源に接続した抵抗やコンデンサーを流れる電流は周期的に向きを変える．これを交流電流という．

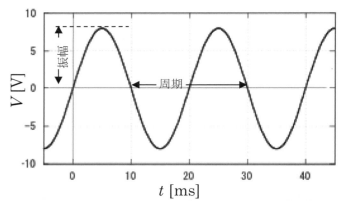

図2　正弦波（50 Hz）交流電圧 V と時間 t の関係

　正弦波の要素に振幅，周期（および周波数）がある．

- ・**振幅**：　最大振れ幅の値
- ・**周期**：　波が1回振動して，元に戻るまでの時間．

　　　　　　山から山まで，谷から谷まで，または図のように任意の電圧の繰り返し時間．

- ・**周波数**：　1秒間に波が振動する回数．周期Tと周波数 f には $f=1/T$の関係がある．

　正弦波の電圧 Vを時間 tの関数で表すと次式となる．

$$V(t) = A\sin\left(\frac{2\pi}{T}t+\alpha\right) = A\sin(2\pi f t+\alpha) \tag{1}$$

ここで，振幅 A，周期 T，周波数 f，初期位相αである．なお，位相を$\pi/2$ずらせば，余弦関数（cos

関数）で表すことができるが，その場合も正弦波と呼ばれる．図2 のグラフの場合，$A = 8.0\,V$，$T = 20$ ms $= 0.020\,s$，$\alpha = 0$ と読み取れ，周波数は$f = 1/T = 1/0.020 = 5.0 \times 10\,Hz$であることがわかる．

なお，正弦波の振幅の$1/\sqrt{2}$の値を交流の実効値という．

《整流と平滑回路》

ダイオードの原理については本書の「**H. ダイオードとトランジスタの特性**」を参照する．この実験では，ダイオードが回路記号の矢印の向きには電流を流すが，逆向きには流さないという性質（スイッチング作用）を利用する．

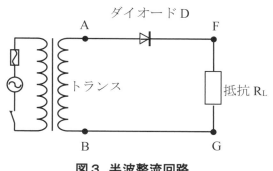

図3 半波整流回路

半波整流回路

図3のようにトランス（変圧器）の出力端子 AB にダイオード D と負荷抵抗 R_L を直列につなぐ．AB 間の電圧は交流なので，B を基準にした A の電位は図4（a）のように変化する．B に対して A の電位が高い半サイクル（図4（a）の上半分）ではダイオードを矢印の向きに電流が流れ，R_L に電流が流れる（ダイオードにかかる電圧はわずかで，トランスの出力電圧がほとんどそのまま R_L にかかる）．電位が逆になる半サイクル（図4（a）の下半分）ではダイオードの矢印

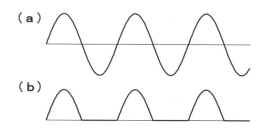

図4 図3の AB 間の電圧（a）および FG 間の電圧（b）

と逆向きに流れる電流は非常にわずかで，R_L の両端の電圧は 0 とみなしてよい．このため R_L の両端の電圧は図4（b）のように変化し，正弦波の上半分だけになるので，**半波整流**と呼ばれる．

平滑回路

図5のように，図3の回路にコンデンサーC_1，C_2 と抵抗 R を加えた回路をつくる．B に対して A の電位が高い半サイクルでは，ダイオードを矢印の向きに電流が流れる．その電流の一部は R を通って負荷抵抗 R_L に流れるが，一部はコンデンサーC_1，C_2 に蓄えられる．次の半サイクルではダイオードには電流が流れないが，C_1，C_2 に蓄えられた電荷が R_L を通って灰色矢印の向きに放電していく．つまり R_L には全サイクルを通じて同じ向きに電流が流れる．C_1，C_2 の電気容量が大きく，また R_L の値が大きくて放電電流があまり減少しなければ，放電の間に C_2 の両端の電圧はあまり下がらない．したがって R_L にかかる電圧は図6のようにほ

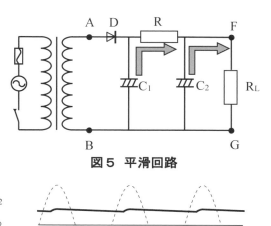

図5 平滑回路

図6 平滑回路（図5）の FG 間の電圧波形．点線は図4の半波整流波

ぼ一定となり，R_L には直流に近い電流が流れることになる．図4（b）の波形を，C_1，R，C_2 からなる回路は波打ちを押さえてほぼ平らで滑らかな波形（図6）にするので，平滑回路と呼ばれる．

電源の内部抵抗

「６．基礎知識　c．」を参照のこと

全波整流電源

　図7のようにダイオードを4個組み合わせたダイオードブリッジと負荷抵抗 R_L で回路をつくる．Bに対してAの電位が高い半サイクルでは，Aから D_1, R_L, D_3 を通ってBへ電流が流れる．Aに対してBの電位が高い半サイクルでは，Bから D_2, R_L, D_4 を通ってAへ電流が流れる．全サイクルを通じて R_L には，常にF→Gの向きに電流が流れる．よって，R_L の電圧は図8のように正弦波を横軸で折り返した形になるので，全波整流と呼ばれる．これに前述の平滑回路を付加すると，図6よりも電圧変化を小さくすることができる．

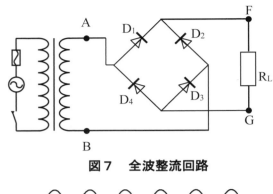

図7　全波整流回路

図8　全波整流回路（図7）のFG間の電圧波形

３．装置

　オシロスコープ，プローブ，トランス・ダイオード・抵抗・コンデンサーなどを組み込んだシャーシ，結線用コード・導線付きバナナチップ・穴あきリード線各1対（パーツボックスIA）．

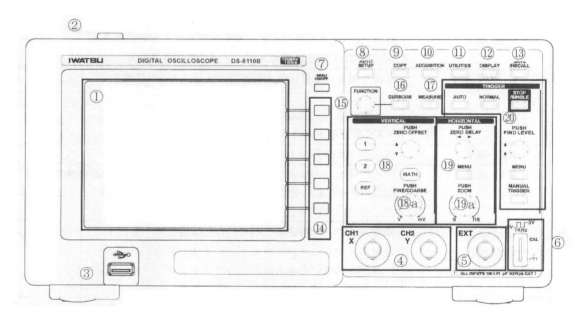

図9　オシロスコープの概観と操作パネルの区分け

① 表示画面　　② 電源スイッチ　　④ 入力端子　　⑥ CAL端子　　⑦ メニューボタン
⑧ 自動設定ボタン　　⑭ メニュー選択ボタン　　⑮ ファンクションつまみ
⑱ 垂直軸（電圧）操作部　　⑲ 水平軸（時間）操作部　　⑳ トリガー操作部

オシロスコープの調整

（1）オシロスコープ上部②の　POWER　スイッチを押して電源をONにする.

（2）④の入力端子 CH1 X にプローブをつけ，その矢形チップの先のプラスティックをスライドさせて，金属フックを引き出し，⑥の CAL（校正電圧端子）のプラス側に引っかける．GND マーク ⊥ があるマイナス側には，プローブのワニ口クリップをつける.

（3）プローブの感度切替スイッチは×1を選ぶ．⑧の青色の　AUTO SETUP　を押す．ディスプレイ①に図１０のように矩形波（四角波）が表示される.

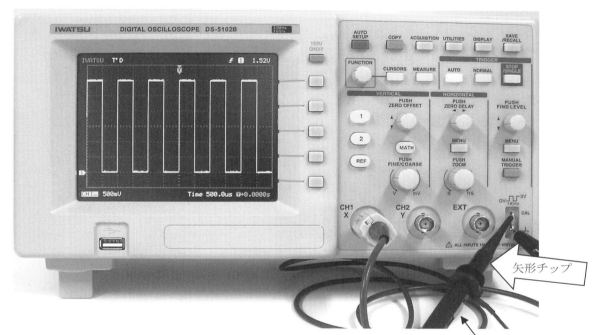

矢形チップ

図１０　入力電圧（矩形波（四角波））の表示例

感度切替スイッチ

　　左下の CH1=500mV は電圧スケールであり，縦目盛り１つ（1 cm）が 500 mV (0.500 V)であること，枠の左の　1　は電圧の原点位置を示す．右下の Time 500.0 μs は時間スケールであり，横目盛り１つ (1 cm) が 500.0 μs =0.5000 ms であること，枠上の中央部の　T　は時間の原点位置を示す．従って，図１０では電圧は 0 と 3.0 V を交互にとっていること，その時間周期 T は 1.0 ms（周波数 f = 1/T は 1.0 kHz）である，と読み取れる.

（4）左下の電圧表示が CH1〜500 mV のように波記号で表示されているときは AC 結合になっているので，⑱の　1　を押してメニューを表示させた後，Coupling と表示されている横にある⑭の１番目のボタンを押す．DC, AC, GND の切替メニューが現れるので【FUNCTION】⑮を回して DC を選ぶ（DC 結合と呼ぶ）.

　　⑦のボタンを押してメニュー画面を消した後に⑧の　AUTO SETUP　を押す.

（5）電圧軸レンジ⑱ a，および時間軸レンジ⑲ a を回して，それぞれ，どのように表示が変わるかを確認すること．レンジつまみの上のつまみ　ZERO OFFSET　を回して，原点位置がシフトすることを確認しなさい．押し込めば原点位置が画面の中央に復帰する.

（6）プローブの感度切替スイッチを×10とし，⑧の青色の　AUTO SETUP　を押す．CH1 の１目盛りは 50.0 mV となるだろう．つまり，画面から読み取った電圧を１０倍した数値が真の測定

電圧である．

（７）画面にスケールが表示されていない（薄い）時は，⑫の DISPLAY で調整する．詳細は実験指導員に聞くこと．⑮【FUNCTION】を回せば輝線の明るさが調整できる．

（８）プローブの矢形チップから金属フックを出し，手で直接触ってみよう．60 Hzの低周波に高周波成分が混じったものが表示されるであろう．これは実験室内の電気ノイズを，人をアンテナとして観測している．

注：　実験終了時にプローブを取り外さないこと．

４．方法

オシロスコープのプローブ感度切替スイッチは**×10**とし，入力モードは特に断らない限り，**ＤＣ結合**に設定すること．

a．交流電圧の観測

（１）回路シャーシ上の部品の配置と配線を図１１に示す．シャーシをひっくり返してトランス・ダイオード・抵抗・コンデンサーなどの部品を確認する．

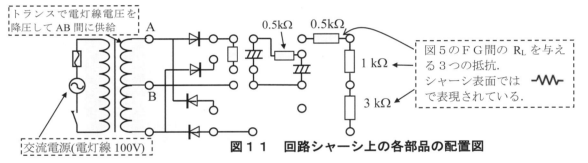

図１１　回路シャーシ上の各部品の配置図

（２）プローブの接続：　プローブの矢形チップをＡに，ワニ口クリップをＢに接続する．

矢形チップのプラスチックカバーをスライドさせると金属線のフックが出るので，これを図１２（a）のように導線付バナナチップの導線に接続する．また，ワニ口クリップの付いている線はアースリードと呼ばれ，正式にはアース電位に接続する（ここでは簡便法として電位の低い方に接続する．以下の測定でも同様）．

（a）導線付バナナチップにプローブを接続

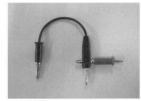

（b）穴あきリード線に差し込んだ導線付バナナチップ

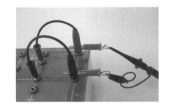

（c）穴あきリード線に導線付きバナナチップを差し込んでプローブを接続

図１２　プローブのつなぎ方

（３）シャーシ上のスイッチをONにし，⑧の AUTO SETUP を押す．ディスプレイ①に図４（a）の電圧波形が見える．

水平軸，垂直軸のスケールおよび水平軸，垂直軸の原点位置は適宜，調節して見やすくする（以

下，測定時には常に読み取りやすいように調整する）．図2を参考にして波形を**グラフ用紙に写し取り**，軸名，単位，目盛数字を入れる．**（正弦波形の図）**

ただし，プローブの感度を<u>×10</u>にしている時は，測定電圧は1/10にして画面に表示されるので垂直軸の<u>目盛は10倍した値</u>にしなければならない．

b．ダイオードのスイッチング作用（半波整流）の測定

（1）図13のように配線して図3の回路をつくる．矢形チップをFに，ワニロクリップをGに接続する．Gへの接続には，図12（b），（c）を参考にして穴あきリード線を使う．

（2）図3のFG間の電圧波形をグラフ用紙に写し，軸名等を入れる**（半波整流波形の図）**．

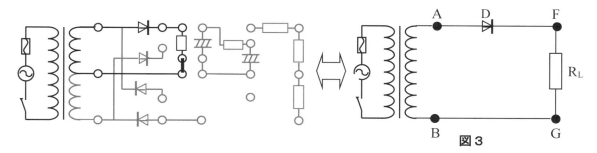

図13　ダイオードの半波整流回路（図3）をつくるための配線．結線用コードで ━━ の部分をつなぐ．

c．平滑回路での平均電流と波打ち（リップル）および内部抵抗の測定

（1）図14のように配線して図5の回路をつくり，F と G にプローブを接続する．つぎに ⑧ の AUTO SETUP を押すと，ディスプレイ左側に表紙される電圧の原点位置は 1⟩ のように，表示部より下にあることを示しているだろう．そこで，⑱a を反時計回りに回して CH1 = 200 mV 程度にし，かつ ⑱ の【ZERO OFFSET】を時計回りに回して，電圧波形と電圧の原点を表示部の中に収める．

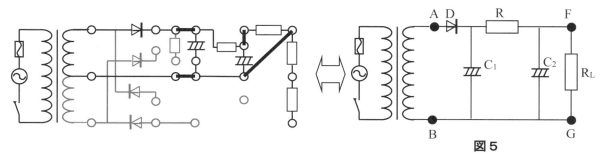

図14　平滑回路（図5）をつくるための配線．　図は R_L を 0.5 kΩにした場合である．結線用コードのつなぎ方を変えると，直列結合だけで7種類の R_L がつくれる．平滑回路の R は 0.5 kΩである．

（2）図5のFG間の電圧波形（図6のように表示される）をグラフ用紙に写し取り，電圧と時間の目盛を入れる**（平滑化波形の図）**．波打つ電圧の平均値を**直流分** V_{DC} という．

（3）⑱の 1 を押してメニューを表示させた後，Coupling と表示されている横の⑭の1番目のボタンを押す．DC, AC, GND の切替メニューが現れるので【FUNCTION】を回して AC を選ぶ．

⑦のボタンを押してメニュー画面を消した後に⑧の AUTO SETUP を押す．０Ｖのまわりで波打つ波形が拡大されて表示される．AC 結合では，平均の電圧をカットして，平均のまわりの変化分（**交流分**）だけを表示する．

　この表示で波打つ電圧の山と谷の差を電圧の交流分 V_{AC} という．図１５はＤＣとＡＣ結合の結果を合成して示している．

（４）結線用コードのつなぎ方を変えることで負荷 R_L の値を変化させ，V_{DC} と V_{AC} を測定し，結果を「結果（１）」の表にまとめる（３個以内の抵抗を直列に組み合わせて，少なくとも６種類の R_L で測定する．それぞれの R_L での波形は写し取らずに V_{DC} と V_{AC} の値を読み取るだけでよい）．
　　注：V_{DC} を測定する時は DC 結合とし，電圧軸レンジ⑱ a とその上のつまみ ZERO OFFSET
　　　を回して，原点位置と波形の両方をディスプレイに表示すること．

（５）負荷 R_L に対する平滑度の目安である V_{AC}/V_{DC}，および電流の平均値（直流成分）$I_{DC}=V_{DC}/R_L$ を計算する．

（６）I_{DC} を横軸にとり，V_{DC} を縦軸にとってグラフを描く（**内部抵抗の関係の図**）．グラフの傾きの絶対値が電源の内部抵抗 r_0 であるので，グラフの傾きから r_0 を計算する．

　　なお，内部抵抗の求め方は**「６．基礎知識　ｃ．内部抵抗」**を参照すること．

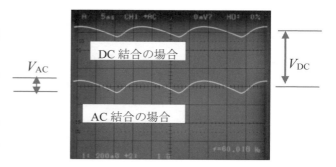

図１５　電圧波形の AC 結合と DC 結合
（AC 結合と DC 結合の図は合成して示している）

ｄ．全波整流の電圧波形

（１）図１６ のように配線して図７の回路をつくり，FG 間の電圧波形をグラフ用紙に写し取る（**全波整流波形の図**）．負荷 R_L は１種類でよく，入力モードは DC 結合である．

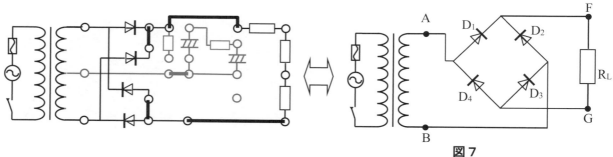

図１６　全波整流回路（図７）をつくるための配線

5．結果

[　　]の中には適当な単位を記入する．

（1）交流電源の電圧波形　　　図____　_____

（グラフから読み取れることを記述する）

　　　振幅　　　　　[　　　]　　　　周期　　　　　　[　　　]　　　　周波数　　　　　[　　　]

（2）半波整流波形　　　　　図____　_____

（（1）と同様に定量的なこともグラフから読み取れることを記述する）

（3）平滑化波形

　　　　$R_L=$　　　　　　[　　　]

　　　図____　_____

（（1）と同様に定量的なことも含めグラフから読み取れることを記述する）

（4）平滑回路での負荷 R_L と直流分 V_{DC}，交流分 V_{AC} の関係

　　直流分の電流は $I_{DC} = V_{DC} / R_L$ で定義される．

表____　_____

R_L [　]	V_{DC} [　]	V_{AC} [　]	V_{AC} / V_{DC}	I_{DC} [　]

（5）内部抵抗の関係

　　　　図____　_____

（グラフから読み取れることを記述する）

　　グラフの直線上の点（　　　，　　　）と点（　　　，　　　）より，内部抵抗は

$$r_0 = \frac{|\Delta V|}{|\Delta I|} = \text{——————} = \qquad [\quad]$$

となる．

（６）全波整流波形

$R_L =$ 　　　　　［　　　］

図＿＿ ＿＿＿＿＿＿＿＿＿＿＿＿＿＿＿＿＿＿＿＿＿

（グラフから読み取れることを記述する）

（７）実験を通して気づいたこと

実験日時　　　年　　月　　日（　）天候　　気温　　［℃］

共同実験者氏名＿＿＿＿＿＿＿＿＿＿

　内部抵抗値 ＿＿＿＿＿＿＿＿＿

６．基礎知識

ａ．交流電源

発電所では水力や火力によって発電機を回して電圧が数万 V の交流（図２のように電圧の正負が周期的に変化）がつくられる．家庭用にはこれを変圧して 100 V の交流電力が供給されている．西日本ではこの交流の周波数は 60.0 Hz で，周期は 1 / 60.0 秒（16.7ms）である．

ｂ．直流電源

電気器具には交流をそのまま使うものもあるが，ラジオやパソコンなどのように交流を直流に変換して使うものも多い．交流を直流に変換する平滑回路が直流電源であり，電気器具に内蔵されていたり，外付けの AC アダプタの中に組み込まれている．トランス，ダイオード，コンデンサー，抵抗を組み合わせた整流平滑回路は構造が簡単なので，電圧が少し波打ってもよい場合に今日でも広く使われている．また，波打ちのない直流をつくるための前処理用としても使われる．交流からつくった直流電源の波形は図６のように多少の波打ちを示したり，あるいは直線的な水平線となる．

ｃ．内部抵抗

もう１つの直流電源は乾電池やバッテリーである．1.5 V の乾電池といっても，いつでも 1.5 V の電圧が保たれるわけではない．電池と抵抗で図１７のような回路をつくって，抵抗に流れる電流と電圧の関係を測定すると図１８のようになる．つまり，抵抗 R を小さくして電流を大きくすると電池の両端の電圧が低くなる．グラフは近似的に直線になるので，$V = E - r_0 I$ と表せる．そこで，図１７の左部分に描いた等価回路のように

$$[\ 現実の電池\ ] = \left[\begin{array}{c}電流をいくら流しても起電力が \\ E で一定の理想的な電池\end{array}\right] + [\ 抵抗\ r_0\ ]$$

と考えられる．$E = (R + r_0) I$ なので，抵抗の電圧 $V = R I = E - r_0 I$ となって，V は図１８のような電流 I 依存性を示す．抵抗 r_0 は電池がその内部に持っている抵抗という意味で内部抵抗と呼ばれる．図５の整流平滑回路でも同じようなことが起こるので，「内部抵抗」があると考える．

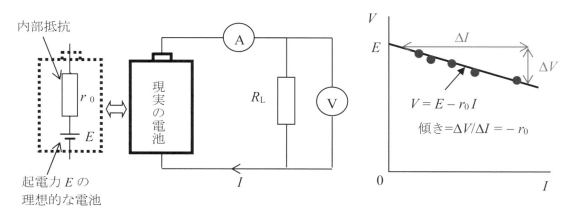

図１７　電池と抵抗の回路と電池の内部抵抗　　　図１８　左の回路を流れる電流と電圧の関係

125

ⅠB．オシロスコープによる波形観測

1．概要

　理科の実験でよく使われる針の振れで電圧を読み取る電圧計では，ゆっくりした時間変化でない限り，電圧の時間変化のようすを調べるのは難しい．これに対して，図1のようなオシロスコープは横軸に時間，縦軸に電圧という形のグラフを画面上に自動的に描いてくれる便利な装置である．しかも，時間の目盛りを広い範囲で切り替えることができ，1000分の1秒（ミリ秒，ms または msec と書く）や百万分の1秒（マイクロ秒，μs またはμsec と書く）といった短い時間の電圧変化を表示することができる．

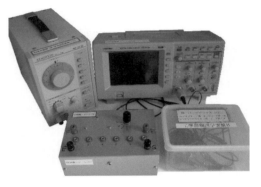

図1　「オシロスコープによる波形観測」実験装置の概観

この実験で行うこと　＜オシロスコープによる波形観測＞

　本実験ではオシロスコープを使って，抵抗とコンデンサー回路の緩和現象を観測し，コンデンサーの電気容量を決定する，さらに音声信号を観測し，音の強弱・高低・音色の違いを理解する．

2．原理

正弦波

　図2のように一定の振幅と周期をもち，その波形が正弦関数（sin 関数）で表されるものを正弦波という．正弦波の電圧波形では正・負が周期的に変化するので，その電源に接続した抵抗やコンデンサーを流れる電流は周期的に向きを変える．これを交流電流という．

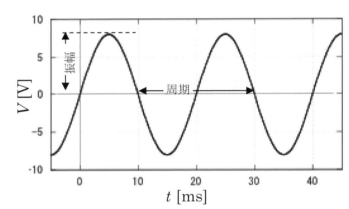

図2　正弦波 (50 Hz) 交流電圧 V と時間 t の関係

　正弦波の要素に振幅，周期（および周波数）がある．

・**振幅**：　最大振れ幅の値

・**周期**：　波が1回振動して，元に戻るまでの時間．
　　　　　　山から山まで，谷から谷まで，または図のように任意の電圧の繰り返し時間．

・**周波数**：　1秒間に波が振動する回数．周期 T と周波数 f には $f = 1/T$ の関係がある．

　正弦波の電圧 V を時間 t の関数で表すと次式となる．

$$V(t) = A\sin\left(\frac{2\pi}{T}t + \alpha\right) = A\sin(2\pi f t + \alpha) \tag{1}$$

ここで，振幅 A，周期 T，周波数 f，初期位相 α である．なお，位相を$\pi/2$ずらせば，余弦関数（cos

関数）で表すことができるが，その場合も正弦波と呼ばれる．図2 のグラフの場合，$A = 8.0$ V，$T = 20$ ms $= 0.020$ s，$\alpha = 0$ と読み取れ，周波数は $f = 1/T = 1/0.020 = 5.0 \times 10$ Hz であることがわかる．

コンデンサーの充電・放電

図3の回路でスイッチ SW を on に入れると抵抗 R を通って電流 I が流れ，コンデンサーC に電荷がたまっていく（充電）．それにつれて C の両端には電位差 $V = Q/C$ が生じる．この電位差は電荷の流入を押さえるように働くので，コンデンサーの電荷（および両端の電圧）の時間変化は図4 (a) のようになる．

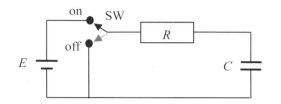

図3 コンデンサーと抵抗の回路

次に電荷がたまった状態で図3のスイッチを off に入れると，電荷は徐々に放電され，コンデンサーの両端の電位差は図4（b）のように指数関数的に減少する．（式の導出は「**6．基礎知識 c.**」を参照のこと）

$$V(t) = Ee^{-t/\tau} \tag{2}$$

ここで，τ を緩和時間といい，抵抗 R と電気容量 C から

$$\tau = RC \tag{3}$$

と書ける．

さて，電圧が E の状態から $E/2$ まで減少する時間を半減期 $T_{1/2}$ と呼ぶ．（2）式より

$$Ee^{-T_{1/2}/\tau} = E/2$$
$$\therefore \quad e^{-T_{1/2}/\tau} = 1/2$$

となる．両辺の自然対数をとって，

$$\tau = T_{1/2}/\ln 2 = T_{1/2}/0.693 \tag{4}$$

である．半減期 $T_{1/2}$ [s]を測定することで緩和時間 τ [s] が求まり，抵抗値 R [Ω]が既知であれば，（3）式よりコンデンサーの電気容量 C [F]が求まる．

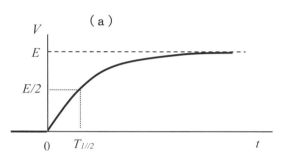

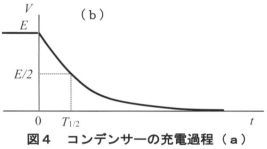

図4 コンデンサーの充電過程 （a）および放電過程 （b）

３．装置

オシロスコープ，プローブ，低周波発振器，コンデンサーと抵抗などを組み込んだ回路シャーシ，マイクロホン，ＡＣアダプター，結線用コード（パーツボックス IB）

a．オシロスコープの調整

（1）図5のオシロスコープ上部②の POWER スイッチを押して電源をONにする．
（2）④の入力端子 CH1 X にプローブをつけ，その矢形チップの先のプラスティックをスライドさせて，金属フックを引き出し，⑥の CAL（校正電圧端子）のプラス側に引っかける．GND マーク 𝆑 があるマイナス側を，プローブのワニロクリップではさむ．
（3）プローブの感度切替スイッチは×１を選ぶ．⑧の青色の AUTO SETUP を押すとディスプレ

イ①に矩形波（四角波）が図5のように表示される.

　　左下の CH1 = 500 mV は電圧スケールであり，縦目盛り1つ（1 cm）が 500 mV (0.500 V)であること，枠の左の ⟨1⟩ は電圧の原点位置を示す. 右下の Time 500.0 μs は時間スケールであり，横目盛り1つ（1 cm）が 500.0 μs =0.5000 ms であること，枠上の中央部の ⟨T⟩ は時間の原点位置を示す. 従って，図5では電圧は 0 と 3.0 V を交互にとっていること，その時間周期 T は 1.0 ms（周波数 $f = 1/T$ は 1.0 kHz）である，と読み取れる.

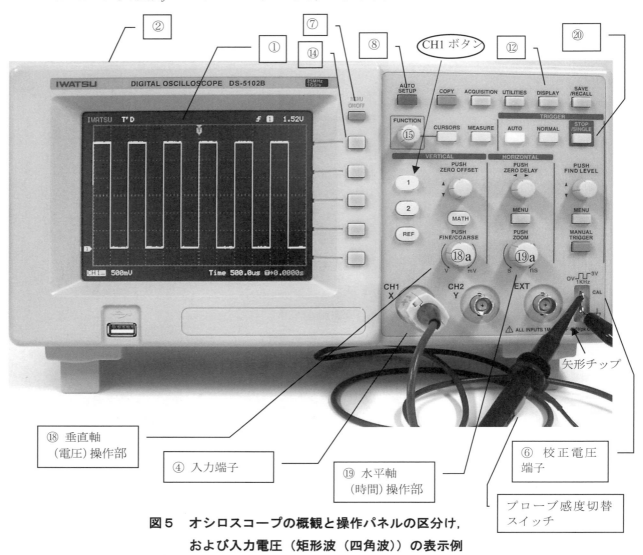

**図5　オシロスコープの概観と操作パネルの区分け，
および入力電圧（矩形波（四角波））の表示例**

（4）左下の電圧表示が CH1〜500 mV のように波記号で表示されているときは **AC 結合**になっているので，⑦の ⟨MENU ON/OFF⟩ を押してメニューを表示させた後，Coupling と表示されている横にある⑭の1番目のボタンを押す（Utilities REMOTE と表示されたら CH1 ボタン を押して Coupling を表示させる）.

　　DC, AC, GND の切替メニューが現れるので【FUNCTION】⑮を回して DC を選ぶ（**DC 結合**と呼ぶ）. ⑦のボタンを押してメニュー画面を消した後に ⟨AUTO SETUP⟩ ⑧を押す.

　　AC 結合にするには，同様に⑦を押し Coupling 切替メニューを出して【FUNCTION】⑮を回し

てACを選ぶ．オシロスコープに入ってくる信号が直流成分を含むとき，これを取り除いて周期的に変動する成分のみを拡大して表示するのが**AC結合**である．

　　直流成分を調べるときは**DC結合**としなければならない．

（5）電圧軸レンジ⑱a，および時間軸レンジ⑲aを回して，それぞれ，どのように表示が変わるかを確認すること．レンジつまみの上のつまみ ZERO OFFSET を回して，原点位置がシフトすることを確認しなさい．押し込めば原点位置が画面の中央に復帰する．

（6）プローブの感度切替スイッチを**×10**とし，⑧の青色の AUTO SETUP を押す．CH1の1目盛りは50.0 mV となるだろう．つまり，画面から読み取った電圧を10倍した数値が真の測定電圧である．切替スイッチは**×1** に戻しておくこと．

（7）画面にスケールが表示されていない（あるいは薄い）時は，⑫の DISPLAY で調整する．詳細は実験指導員に聞くこと．【FUNCTION】⑮を回せば輝線の明るさが調整できる．

（8）プローブの矢形チップから金属フックを出し，手で直接触ってみよう．60 Hzの低周波に高周波成分が混じったものが表示されるであろう．これは実験室内の電気ノイズを，人をアンテナとして観測している．

b．低周波発振器の説明

操作パネルを図6に示す．

（1）電源スイッチ④を押すと，⑤のランプが点灯すると動作状態になる．

（2）出力波形の選択

　　 WAVE FORM スイッチ⑦を押し込み，ロック状態にすると正弦波を出力する．押し込まずに開放状態の場合は四角波を出力する．

（3）周波数の設定

　　周波数ダイヤルには10〜100の目盛りがある．その数値に【FREQ. RANGE】で選択した倍率をかけた周波数が出される．手順は以下の通りである．

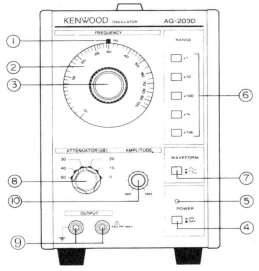

図6　低周波発振器

　　 i)　【FREQ. RANGE】⑥で必要な周波数レンジを選択する．
　　 ii)　次に周波数ダイヤル③で，希望する周波数を指標①にあわせる．

　　したがって，300 Hzの周波数を設定するには，スイッチ⑥の×10 を選択し，次に周波数ダイヤル③の30を指標①にあわせる．

（4）出力電圧の調整

　　出力電圧は，約10 V_{AC}の電圧を出力減衰器（⑧ATTENUATER）で適当に減衰させ，かつ【AMPLITUDE】⑩により連続的に変化させることができる．

　　本実験では減衰率–10 dB を選ぶことで$1/\sqrt{10}$の出力とし，かつ【AMPLITUDE】⑩は中位に設定する．

ｃ．回路シャーシの説明

実験で使う回路はアルミボックスのシャーシに組み込まれている．回路図を図7に示す．

ＲＣ回路部は直列に接続された5本の抵抗（シャーシに特記されていない限り，1本の抵抗値は**R = 3.00 kΩ**）と，約0.02 μF＝2×10^{-8}Fのコンデンサーから構成されている．0と5の間の抵抗値は結線を差し込むことで変えられる．4点切替スイッチを1に合わせると発信器からの信号はＲＣ回路部を通ってオシロスコープとつながる．

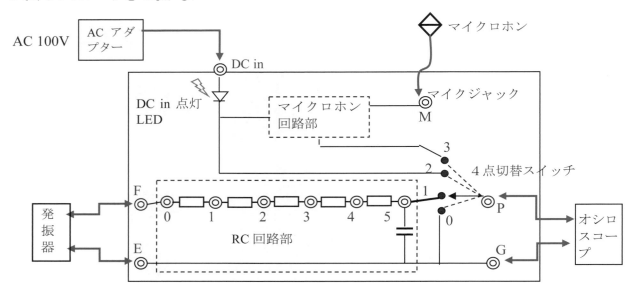

図7　回路シャーシ構成図

マイクロホン回路部は，シャーシ後面のジャックに接続したＡＣアダプターから直流電圧3Ｖを供給して使用する．4点切替スイッチを3に合わせる．マイクロホンをシャーシ前面のマイクジャックに差し込むと，音声信号がオシロスコープに出力される．

ＡＣアダプターから直流電圧が供給されていると赤色ＬＥＤが点灯し，4点切替スイッチを2あるいは0に合わせるとＰＧ間の電位差はそれぞれ直流3Ｖ，0Ｖ（アースに短絡）となる．

４．方法

オシロスコープのプローブの入力感度は**×1**にしておく．

ａ．低周波発振器による正弦波形（300 Hzまたは400 Hz）の観測

（1）入力結合は**DC結合**に設定する（ディスプレイ左下の電圧Vに ＝ の記号が表示される）．

（2）図7のように，低周波発振器の出力⑨の正端子と回路のＦを，⑨のアース側端子 ⊥ と回路シャーシのＥを結線でつなぐ．オシロスコープの矢形チップとワニ口クリップはそれぞれ，回路シャーシのＰとＧへ接続する．

　　回路シャーシの0と5に結線用コードを差し込み，発信器からの正弦波形信号は抵抗を通さずじかにオシロスコープにつなぐ．**4点切替スイッチ**は1に設定する．

（3）発振器の周波数レンジ⑥を×10に，周波数ダイヤル③を30〜40に合わせて，300〜400 Hzとする．
　　出力レンジは減衰器⑧を-10 dB，調整つまみ⑩を中程度(交流電圧振幅2.5 V程度)に合わせる．

（4）発振器の出力波形⑦は切替ボタンを押し込んで正弦波を選択する．

（5）オシロスコープの⑧ AUTO SETUP を押す．電圧，時間スケール並びにシフトつまみを回して画面に適切なサイズの波形を表示させる．

（6）グラフ用紙に正弦波形を写し取る**（正弦波形の図）**．図2の波形のグラフを参考にし，軸名，単位，目盛りを入れること．また，振幅と周期を求める．共同実験者は互いに異なる周波数の波形を観測すること．

（7）回路シャーシにＡＣアダプターを接続し，**4点切替スイッチを2に設定し**⑧ AUTO SETUP を押して，直流電圧をオシロスコープで観測してグラフ1と一緒に描き，交流との違いを確認する．０Ｖの位置はディスプレイ左側の 1⟩ の位置，あるいは切替スイッチを0に設定することで確認できる．

ｂ．コンデンサーの充電放電現象の観測

（1）オシロスコープの入力結合は**AC結合**に設定する（ディスプレイ左下の電圧Vに 〜 の記号が表れる）．

（2）**4点切替スイッチを1に設定し**，低周波発振器は波形切替ボタン⑦を押し出した状態にして矩形波（四角波）を発生させる．周波数は250 Hzとする．

（3）結線用コードを0と5に差し込んで抵抗を0とし，AUTO SETUP を押して波形を表示し，グラフ用紙に四角波の波形を写し取り，電圧と時間目盛を入れる．

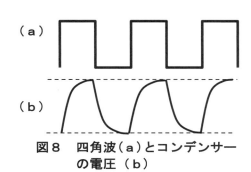

図8　四角波（ａ）とコンデンサーの電圧（ｂ）

（4）結線用コードを3と5に差し込んで抵抗を3本とし，図8のように，矩形波（四角波）と共通の電圧，時間目盛で波形を写し取る**（矩形波（四角波）とコンデンサーの電圧波形の図）**．

（5）図9を参考にして，コンデンサーの充電・放電現象の半減期$T_{1/2}$を測定する．

（6）緩和時間τを（4）式を用いて計算する．さらに（3）式を変形して
$$C = \tau / R \qquad\qquad (5)$$
を用いてコンデンサーの電気容量を求める．

（7）結線用コードを5と1，5と2，···の間を結ぶことにより，抵抗が1〜5本の5通りを観測し，コンデンサーの充電・放電現象の半減期$T_{1/2}$を測定し，表にまとめ，電気容量Cを計算する．さらにCの平均値を求める．

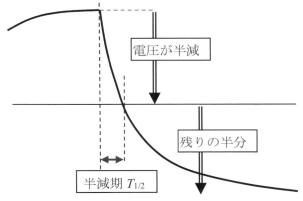

図9　半減期の測定の仕方
トリガー設定により，立ち下がりではなく，立ち上がりが表示される

（8）τをRに対してグラフに描き，図10のような直線となることを確かめる．傾きを求めるグラフなので，グラフ用紙1枚に大きく書くこと**（τ-R の図）**．このグラフの直線上の2点から傾き
$$C = \Delta\tau / \Delta R \qquad\qquad (6)$$
を求めることにより，電気容量を求める．傾きは，測定データ点を使わず，**十分離れた直線上の2点（☆）**から求めること．

131

ｃ．音声の観測

（1）　回路シャーシにＡＣアダプターとマイクジャックを接続する（低周波発振器は電源を切って外しておく）．**４点切替スイッチは３に設定する**．

（2）オシロスコープのプローブの入力感度は×１．**AC結合に設定する**（ディスプレイ左下の電圧Vに-〜の記号が表れる）．|AUTO SETUP|は**使わず**，電圧スケールは10〜20 mV，時間スケールは2〜5 msを選んで，適切なスケールで観測する．

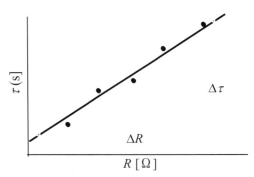

図１０　緩和時間 τ と抵抗値 R の関係

（3）マイクロホンから５cm以上離して息が直接あたらないようにする．「ウ〜」と発声しながら，波形が比較的安定したところで⑳の|STOP/SINGLE|を押すと画面上に記録される．再度観測するには|AUTO|を押す．

（4）<u>共同実験者は互いに異なる任意の２つの音声（ア，イ，ウ，エ，オ）を観察する</u>．電圧および時間スケール変えて観測しやすい表示にしてグラフ用紙に書き写す．発声した音声を図の表題の中で記述するとともに，電圧および時間のスケールを入れる（**音声波形の図**）．

　　発生した声の基本振動数を波形から読み取る（波の形から最も周期の長い成分を見つけ出し，この**基本周期**から基本振動数を見積もるため，時間スケールを適切に設定すること）．

（5）音声「アー」「エー」「イー」「オー」「ウー」について，
- ・声が高い／低い（低いドと１オクターブ高いド）
- ・声が大きい／小さい（マイクに近い／遠い）
- ・音色（ア〜ウ，発声者）の違い

で何が異なるのかを観察する．

注：実験終了時にプローブを取り外さないこと．接続コード，マイクロホン，ＡＣアダプターは元のパーツボックスに格納すること．

５．結果

[　　]の中には適当な単位を記入する．

ａ．正弦波形と直流電圧

図＿＿　＿＿＿＿＿＿＿＿＿＿＿＿＿＿＿＿＿＿＿

図からわかる正弦波の特徴

＿＿＿＿＿＿＿＿＿＿＿＿＿＿＿＿＿＿＿＿＿＿＿＿＿＿＿＿＿＿

図から読み取れる正弦波の属性
　　　　振幅　　　　　　[　　　]　　　　周期　　　　　　　　[　　　]
周期から計算した周波数　　　　　　[　　　]　　　（設定した交流周波数　　　　　[　　　　]）
直流の特徴とその電圧

＿＿＿＿＿＿＿＿＿＿＿＿＿＿＿＿＿＿＿＿＿＿＿＿＿＿＿＿＿＿

b．コンデンサーの充電・放電現象の観測

（1）矩形波（四角波）とコンデンサー電圧波形

図＿＿　＿＿＿＿＿＿＿＿＿＿＿＿＿＿＿＿＿＿＿＿＿＿

① 抵抗0kΩのときの四角波のグラフ
② 抵抗を通したときの充電放電のグラフ ｝ 1枚のグラフ用紙に，並べて記載する

注意：時間の原点はトリガーレベルで変わるので，図8のように2つのグラフを並べるときは時間の対応関係に注意すること

波形の変化の特徴

＿＿＿

＿＿＿

（2）抵抗値 R を変化させての半減期 $T_{1/2}$ の測定および，緩和時間 τ，電気容量 C の計算

抵抗が3本の時の計算の具体例

$$C = \frac{\tau}{R} = \text{\textemdash\textemdash\textemdash} = \qquad [\qquad]$$

表 ＿＿＿　＿＿＿＿＿＿＿＿＿＿＿＿＿＿＿＿＿＿＿＿＿＿＿

	R [ ]	$T_{1/2}$ [ ]	τ [ ]	C[ ]
1				
2				
3				
4				
5				

平均　　$C =$ 　　　　　　　　　　　　　　[　　　]

（3）緩和時間 τ の抵抗 R の関係のグラフ

図＿＿　＿＿＿＿＿＿＿＿＿＿＿＿＿＿＿＿＿＿＿＿＿＿

（グラフから読み取れることを記述する）

＿＿＿

＿＿＿

＿＿＿

（4）コンデンサーの電気容量 _C_ のグラフによる計算（_τ, R_の単位に注意して計算すること）

$τ-R$ グラフの直線上の2点（　　　　，　　　　），（　　　　，　　　　）より

$$C = \frac{\Delta τ}{\Delta R} = \frac{\quad - \quad}{\quad - \quad} = \qquad\qquad\qquad [\quad]$$

ｃ．音声の観測

（1）　音声波形

図____　_____

発生音①　_____　　基本周期　　　[　　]　　基本振動数　　　[　　　]

発生音②　_____　　基本周期　　　[　　]　　基本振動数　　　[　　　]

（2）　観測から，どういう「差」であるか，記述する．

・声の高低の差　_____

・声の大小の差　_____

・音色の差　_____

ｄ．考察

① オシロスコープの機能（何を，どのようにして測るのか）について述べなさい．

② **方法a.** で得られたグラフより，直流と交流の違いを述べなさい．

③ **方法b.** の実験により，コンデンサーのどのような特性がわかるか，「コンデンサーの充電・放電」，「緩和時間」をキーワードとして述べなさい．

④ **方法c.** の音声の観測をもとに，音の三要素（大きさ，高さ，音色）と，波の振幅，振動数，波形とどのような関係があるか，述べなさい．

共同実験者の測定結果　　　　　　共同実験者氏名_____

　　観測した正弦波の周波数_____　交流波形の振幅_____　周期_____

　　コンデンサーの電気容量の平均値_____　グラフの傾きより求めた値_____

　　音声の基本振動数　_____

実験日時　　　年　　月　　日（　）天候　　　気温　　[℃]

６．基礎知識

ａ．交流電源

発電所では水力や火力によって発電機を回して電圧が数万Vの交流（図2のように電圧の正負が周期的に変化）がつくられる．家庭用にはこれを変圧して100Vの交流電力が供給されている．西日本ではこの交流の周波数は60.0Hzで，周期は1/60.0秒（16.7ms）である．

ｂ．直流電源

電気器具には交流をそのまま使うものもあるが，ラジオやパソコンなどのように交流を直流に変換して使うものも多い．交流を直流に変換する整流平滑回路が直流電源であり，電気器具に内蔵されていたり，外付けのACアダプタの中に組み込まれている．トランス，ダイオード，コンデンサー，抵抗を組み合わせた整流平滑回路は構造が簡単なので，電圧が少し波打ってもかまわない場合に今日でも広く使われている．また，波打ちのない直流をつくるための前処理用としても使われる．ACアダプターでつくられた直流は多くの場合，多少の波打ちを伴っている．

ｃ．コンデンサーの充電・放電

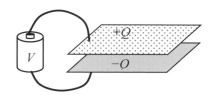

図１１　コンデンサーの模式図

コンデンサーは2枚の導体板で絶縁体を挟んだ構造をしており，導体板にプラス・マイナスの電荷を蓄えることができる．図11のように，起電力V[V]の電池をつなぐ．上と下の電極板にそれぞれ$+Q$[C]と$-Q$[C]の電荷が蓄えられ，電荷の大きさは電位差に比例する

$$Q = CV \tag{7}$$

この比例係数Cをコンデンサーの電気容量といい，単位はファラド[F]である．面積A[m²]の2枚の導体板が間隔d[m]の間に誘電率ε[F/m]の絶縁体を挟んでいる平行板コンデンサーの電気容量は

$$C = \varepsilon \frac{A}{d} \tag{8}$$

である．物質の誘電率εは真空の誘電率　$\varepsilon_0 = 8.85 \times 10^{-12}$ F/m　よりも大きい値をとる．

図3の回路でスイッチSWをonに入れると抵抗Rを通って電流Iが流れ，コンデンサーCに電荷がたまっていく．RとCの電位差の和が電池の起電力Eである．

$$RI + V = E \tag{9}$$

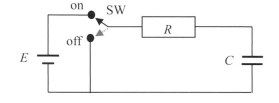

図3　コンデンサーと抵抗の回路

ところでコンデンサーの電荷$Q=CV$の時間変化が電流Iであるので　$I = dQ/dt = C\,dV/dt$．
これを（9）に代入して，コンデンサーの電位差は次式を満たしている．

$$RC\frac{dV}{dt} + V = E \tag{10}$$

この式は微分方程式であり，解が

$$V = E + a e^{-t/\tau}$$

であることは，これを（10）の左辺に代入して時間微分を実行すると，右辺になることからわかる．ここで，

$$\tau = RC \tag{11}$$

は時間の次元をもち，緩和時間，あるいは時定数と呼ばれる．定数 a は初期条件で決まる．$t = 0$ でコンデンサーの電荷が 0，すなわち $V(0) = 0$ であれば，解は

$$V(t) = E\left\{1 - e^{-t/\tau}\right\} \tag{12}$$

である．また，コンデンサーに十分に電荷がたまった状態でスイッチを off に切り替えると

$$V(t) = Ee^{-t/\tau} \tag{13}$$

と放電することがわかる．このような充電・放電過程の時間変化を図4に示している．

実験ではスイッチの on-off は四角波発生器の電子回路で周期的に繰り返す．（13）式で時間 $t = \tau$ の場合には

$$V(\tau) = Ee^{-1} = E/e \tag{14}$$

であるから，電圧が E の状態から $E/e=E/2.718$ まで変化する時間が緩和時間 τ である．

d．音の3要素

音声や楽器は音の大きさ，高さ，音色で聞き分けることができる．実測例を図12に示す．

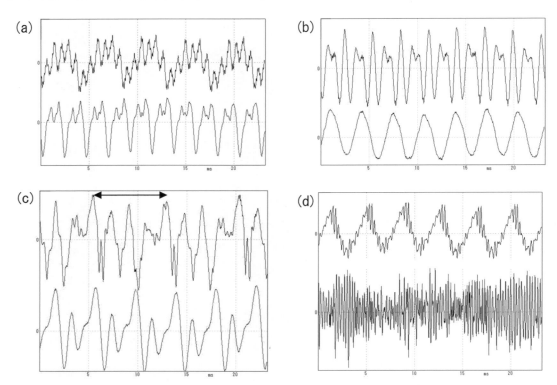

図12　いろいろな波形；(a)電子オルガンで発生させたオルガン（上）とピアノ（下），(b)声のアー（上）とウー（下），(c)声のエー（上）とオー（下），(d)声のイー（上）とシー（下）

(c)の上の「エー」では矢印が基本周期であり，この男声の振動数は約120 Hzであった．「アー」，「イー」は女声の例であり，それぞれ約350 Hz，約270 Hzであった．「シー」は周波数解析をすると，3000 Hz付近のいろんな振動数の波の複合物となっていた．なお，電子オルガンは音階A（ハ長調のラ）を発生させており，ピアノ音の基本振動数は441 Hzである．

Ｊ．電子の比電荷（e/m）の測定

1．概要

　電子は，陽子や中性子とともに原子を構成する基本的な粒子のひとつであり，19世紀末に J. J. トムソンによって発見された．空気を抜いたガラス管の内部で2つの電極を向かい合わせに置き，直流電源につなぐと，負側の電極（これを陰極という）から粒子が出て，正の電極側に直進する現象を観測できた．陰極から出るこの未知の粒子は陰極線と呼ばれた．彼は陰極線が電場によって曲げられる運動を観察し，陰極線は負の電荷を帯びた粒子の流れではないかと考えた．その運動

図1　「電子の比電荷（e/m）の測定」実験装置の概観

から粒子の比電荷（電荷の絶対値 e と質量 m の比のことで e/m と表す）を評価すると水素イオンの約1800倍になった．水素イオンが正の電荷単位を持つので，これと中和する負の電荷単位を持つと考え，陽子の約1800分の1の質量を持つ軽い粒子であると結論した．これが電子である．このことからわかるように，比電荷は，荷電粒子の電荷，質量そして運動を論じる時に重要な役割をはたす量である．

この実験で行うこと　＜電子の比電荷を求める＞

　本実験では図1に示すような，ヘリウムガスが封入された管球，電子を放出する電子銃，磁場を発生させるヘルムホルツコイルから構成された比電荷測定装置を用いて電子の軌跡を観測する．電子銃にかける電圧，およびコイルに流す電流で磁場を変えると，電子の描く円軌道の半径が変化する．これらの関係から電子の比電荷を求める．

2．原理

a．比電荷の求め方

　磁束密度 B の均一な磁場中で電荷 $-e$ の電子が速度 v で磁場に直角な方向に運動する．この時，荷電粒子は速度方向と磁場の方向の両者に垂直な向きに力を受ける（フレミングの左手の法則：本書の「**F．交流の周波数測定**」を参照する）．運動している荷電粒子に働くこの力はローレンツ力と呼ばれ，その大きさ F は次式で与えられる．

$$F = evB \qquad\qquad (1)$$

図2のように，質量 m，電荷 $-e$ の電子が一様な磁場 B（紙面の裏側から表側に向かう）に垂直な平面内で運動する場合，ローレンツ力が向心力になって軌道は円になる．（電

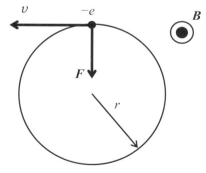

図2　一様な磁場 B 中での電子の軌道

J．電子の比電荷（e/m）の測定

子を直接みることは出来ないが，電子銃で射ち出された電子が衝突したヘリウムは青く光るので，電子の軌道を観測することができる．）

円の半径を r とすると電子の向心加速度の大きさは v^2/r である（「**6．基礎知識　a．向心加速度**」を参照する）から，ニュートンの運動方程式は

$$m\frac{v^2}{r} = evB \tag{2}$$

と書ける．一方，この電子は電子銃により加速電圧 V で加速されて速度 v を得ているので，エネルギー保存則より，

$$eV = \frac{1}{2}mv^2 \tag{3}$$

である（「**6．基礎知識　b．加速電圧**」を参照する）．

そこで（2），（3）式より電子の速度 v を消去すれば

$$\frac{e}{m} = \frac{2V}{B^2 r^2} \tag{4}$$

となり，V[V]，B[T]，r[m]を測定すれば比電荷が求まる．

b．ヘルムホルツコイルによる磁場

半径 R の2つのコイルを距離 R だけ離して中心軸が一致するように置き，コイルに電流を流すと，コイル間の中心付近に一様な磁場をつくることができる（「**3．装置**」を参照）．このようなコイルを**ヘルムホルツコイル**といい，その磁場の向きはコイルの中心軸方向（コイル電流の右ねじの向き）であり，その磁束密度は SI 単位系によって表すと

$$B = \left(\frac{4}{5}\right)^{\frac{3}{2}} \mu_0 \frac{NI}{R} \tag{5}$$

である．ただし，μ_0 は真空の透磁率で $\mu_0 = 4\pi \times 10^{-7}$ [N/A²]，N はコイルの巻数，I[A]はコイルを流れる電流である．本装置では $N = 130$，コイルの半径 $R = 0.150$ m であり，磁束密度は

$$B = 7.79 \times 10^{-4} I \quad [\text{T}] \tag{6}$$

となる．

c．比電荷の測定および計算方法

磁場はコイル電流によって発生させるので，（6）式を（4）式に代入すると

$$\frac{e}{m} = 3.29 \times 10^6 \frac{V}{I^2 r^2} \text{ [C/kg]} \tag{7}$$

となり，V, I, r を測定すると比電荷の値が求められる．

本実験では，2通りの方法で V, I, r を測定し，比電荷の値を求める．

（A）加速電圧 V を一定にしてコイル電流 I を変え，円運動の直径 $2r$ を測定する．

（B）コイル電流 I を一定にして加速電圧 V を変え，円運動の直径 $2r$ を測定する．

原理的には，V, I, r の測定値を（7）式に代入して比電荷の値を計算することができるが，ひとつの測定では精度のよい結果が得られない．そこで，複数の測定値を使ってグラフを描き，そのグラフの傾きにより比電荷を求める．

　（A）の加速電圧 V 一定の場合，（7）式を変形すると，

$$\frac{1}{r} = \sqrt{\frac{3.04 \times 10^{-7}}{V}\frac{e}{m}} \cdot I = \alpha \cdot I \ [\text{m}^{-1}] \qquad \text{ただし} \quad \alpha = \sqrt{\frac{3.04 \times 10^{-7}}{V}\frac{e}{m}} \tag{8}$$

となり，半径の逆数 $1/r$ は電流 I に比例する関係にあることがわかる．したがって，測定値を使って図3（a）のように $1/r$－I のグラフを描いて傾き α を計算し（**「実験レポートの書き方　D.　」**を参照する），（8）式より比電荷の値を

$$\frac{e}{m} = 3.29 \times 10^{6} \alpha^{2} V \tag{9}$$

と求めることができる．

　（B）のコイル電流 I が一定の場合，（7）式から

$$r^{2} = \frac{V}{3.04 \times 10^{-7}\frac{e}{m} \cdot I^{2}} = \beta V \ [\text{m}^{2}] \qquad \text{ただし} \quad \beta = \frac{1}{3.04 \times 10^{-7}\frac{e}{m} \cdot I^{2}} \tag{10}$$

となり，半径の2乗 r^{2} は加速電圧 V に比例する関係にあることがわかる．したがって図3（b）のように r^{2}－V のグラフを描いて傾き β を計算し，（10）式より

$$\frac{e}{m} = \frac{3.29 \times 10^{6}}{\beta I^{2}} \tag{11}$$

と比電荷の値を求めることができる．

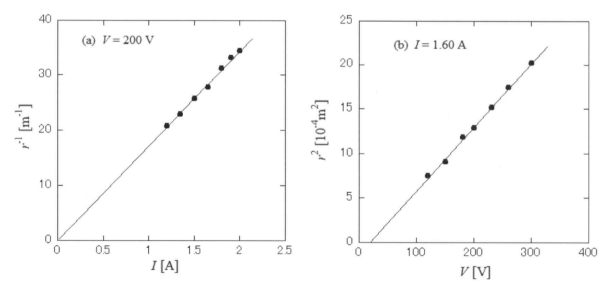

図3　加速電圧一定時の電流 I と電子の円軌道の半径の逆数 $1/r$ の関係（a），
および磁場一定時の加速電圧 V と円軌道の半径の2乗 r^{2} の関係（b）

３．装置

　比電荷測定装置（管球，電子銃，ヘルムホルツコイル），直流電源，電圧計，電流計，方位磁石

４．方法

　実験は，セットアップ，測定と比電荷の計算，片つけの 3 ステップからなる．また，時間に余裕があれば，応用実験をやってみよう．

a．セットアップ（事前準備）

（1）地磁気の影響を除くため，ヘルムホルツ
　　　コイルの軸（磁場の方向）が東西方向を
　　　向くように図 4 の測定装置を置く．

（2）管球の急激な劣化を防ぐために装置本体
　　　の主電源（図 4 ①）を入れて，2 分以上
　　　経過してから実験を開始すること．

（3）配線を確認する．

　　i)　直流電源の＋端子（赤）と−端子（黒）
　　　　がそれぞれ本体の DC 12V IN（図 4 ②）の同じ色の端子と接続されていることを確認する．

　　ii)　電流計の＋端子（赤）と 5 A 端子（黒）がそれぞれ本体の CUR. MONITOR（図 4 ③）の同じ
　　　　色の端子と接続されていることを確認する．

　　iii)　電圧計の＋端子（赤）と 300 V 端子（黒）がそれぞれ本体の VP. MONITOR（図 4 ④）の同じ
　　　　色の端子と接続されていることを確認する．

　　外れた配線がある場合は指導員に連絡のこと．

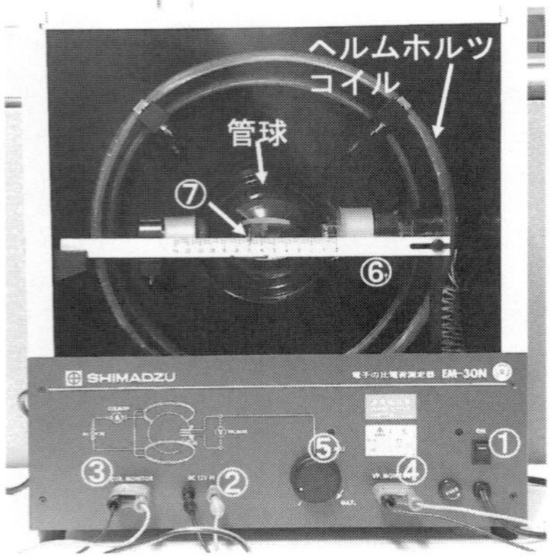

（4）直流電源を操作する．

　　i)　電圧調整ツマミ（VOLTAGE）および電流調整ツマミ（CURRENT）が反時計回りにこれ以上回
　　　　らないことを確認してから電源（POWER）を入れる．

　　ii)　2 箇所ある LED の下側が赤く点灯していることを確認し，電圧調整ツマミをひとまわり右
　　　　に回す．

　　iii)　次に，電流調整ツマミを上側の LED が緑色に点灯するまで右にゆっくり回していく．

　　iv)　アナログ電流計で値を読みながら電流調整ツマミを右に回して電流を増やしていく．

　　v)　目的の電流に達するまでに下側の LED が赤く点灯したら，電流は一定に保たれる．そこで，
　　　　電圧調整ツマミを右に回し，上側の緑色 LED を点灯させて電流を変える．

　　vi)　初期値として 1.0 A 程度にしておく．
　　**※直流電源にも電流の値が表示されるが，回路に流れている電流と
　　は一致していないため必ず電流計を用いて電流の値を読み取るこ
　　と．**

（5）電子の円軌道を見る．加速電圧調整つまみ（図 4 ⑤）が左
　　　いっぱいにまで回された状態であることを確かめた後
　　　（このとき電圧計は初期値として 95 V 程度を示してい
　　　る），右に回し 150 V 程度に設定する．電子銃から出た
　　　緑色の光が円軌道を描く様子を観測できる．

　　i)　本体上部両端のねじを緩めてからフタを外し（図 5 参

図 4　比電荷測定装置本体の概観（高電圧に注意）

　①主電源
　②直流電源接続用端子
　③コイル電流モニター用端子
　④加速電圧モニター用端子
　⑤加速電圧調整つまみ
　⑥円軌道測定用スケール
　⑦スライド式指標

**図 5　上部フタを開けた状態の
比電荷測定装置の概観**

照），上から覗いて電子の軌道がらせん状になっていないか確認する．

ii) らせん状になっていた場合，管球を固定している軸の白い部分を回し，円軌道になるように調整する．

iii) 確認（調整）後，フタを元に戻す．

※以後，測定中に円軌道の下端がぼやけてきたら軌道がらせん状になっている可能性があるため適宜フタを開けて確認すること．

（6）電子の円軌道半径の測定方法

i) 測定用スケール（図4⑥）を正面から見て測定する．図6①のように指標を正面から見ることができている場合，奥行きをもつ指標の矢印が直線に見えるはずである．一方，正面から外れて見ている場合，図6②のように指標上部が幅を持っているように見えるはずである．

ii) 円軌道の右端（R_1）の位置（電子銃の中心）にスライド式指標（赤矢印：図4⑦）を移動させ値を読む（この値は固定値とし，今後の測定で共通に使用する，もしくは固定ねじを緩めてスケールを左右にシフトさせ，キリの良い位置にあわせる）

iii) 次に円軌道の左端（R_2）の位置に指標を移動させ値を読む

※スケールや指標が曲がってしまうのを防ぐため，指標を動かす際はスケールに強い力をかけず，スケールを挟んでいる指標の上下の枠に指を軽く添えて滑らかに動かすこと．

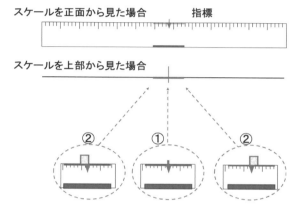

① 正面から見た指標の見え方
② 正面から外れて見た指標の見え方

図6　指標の読み方

b．測定および比電荷の計算

（A）加速電圧 V 一定における測定および比電荷の計算

（1）加速電圧 V を 120 V から 300 V の間の適当な値にして，コイル電流 I を変えて円軌道を描かせる．

（2）その電圧値でコイル電流を変化させ，円軌道の直径（$2r = |R_2 - R_1|$）が 4.0 cm から 10.0 cm となる範囲で5点ほどコイル電流 I の値を読み取る．この際，$2r$ が切りの良い値（7.0cm や 7.5cm など）になるように赤矢印で R_2 の位置を調整する．円軌道を指標の左端を R_2 の位置に合わせる際は，一度 R_2 の位置から大きく（1cm から 2cm 程度）外れるように円軌道を大きくまたは小さくし，徐々に円軌道の左端を R_2 の位置に合わせるように電流を変えていくと精度良く測定できる．

（3）測定と同時に，コイル電流 I と半径の逆数 $1/r$ のグラフを方眼紙に描く．**$1/r$ の計算では半径の値を[m]の単位に直して計算する．**図3（a）のようにグラフがおおよそ原点付近を通る直線関係になっていることを確認するために，I と $1/r$ の**どちらの軸も目盛りを0から始めること．**

（4）得られた V, I, r から（7）式を使って e/m を計算し，平均値を求める．　**計算の際は SI 単位にそろえる．すなわち，半径の値を[m]の単位に直すことに注意する**．

（5）コイル電流 I と半径の逆数 $1/r$ のグラフの関係に最もよく一致する直線（原点を通らないこともある）を引く．データを折れ線で結んではいけない．

（6）グラフの傾き α を計算する（**「実験レポートの書き方　D.　」**を参照する）．

（7）（9）式より比電荷の値を計算する．

（B）磁場 B 一定（コイル電流 I 一定）における測定

（1）コイル電流 I を 1.0 A から 2.0 A の間の適当な値にして，加速電圧 V（300 V 以下とする）を加えて円軌道を描かせる．

　　※コイル電流を大きくしてしまうと，加速電圧の測定可能な範囲（120〜300 V）において円軌道の直径が適切な範囲（4.0 cm から 10.0 cm）に収まらなくなるため注意すること．

（2）その電流値で加速電圧を変化させ，円軌道の直径（$2r = |R_2 - R_1|$）が 4.0 cm から 10.0 cm となる範囲で 5 点ほど加速電圧 V の値を読み取る．この際，$2r$ が切りの良い値（7.0cm や 7.5cm など）になるように赤矢印で R_2 の位置を調整する．

（3）測定と同時に加速電圧 V と半径の 2 乗 r^2 のグラフを方眼紙に描き，図 3（b）のような，おおよそ原点付近を通る直線関係になっているかどうかを確認する．

（4）得られた V, I, r から（7）式を使って e/m を計算し，平均値を求める．

（5）方眼紙に描いた 5 個の測定データ点から，データを近似する直線（原点を通らないこともある）を引く．

（6）グラフの傾き β を計算する．

（7）（11）式より比電荷の値を計算する．

（C）測定者を交代

　　共同実験者と違う電圧値，電流値で，（A），（B）の測定を行う．

c.　応用実験・・・地磁気の影響を調べる．

　　時間があればヘルムホルツコイルの軸の向きを南北方向に変えて，（B）磁場一定（コイル電流一定）の場合の測定を行って，地磁気の影響を調べてみよう．

　　地球は，南極付近を N 極，北極付近を S 極とする大きな磁石であり，方位磁石はその磁場を感じて，N 極が北，S 極が南を向く．したがって，ヘルムホルツコイルの軸を東西方向にした場合，コイル電流による磁場は東西方向であり，地磁気と直交するので，円軌道の半径は地磁気の影響をほとんど受けない．

　　ところが，コイルの軸が南北方向の場合，電子はヘルムホルツコイルによる磁場と地磁気の両方が重なった磁場を受ける．したがって，磁束密度 B の値がコイルの軸を東西方向に向けた場合と異なり，円軌道の半径も変わってくる．

コイルの軸を南北方向に向け，コイル電流を 1.5 A 程度で一定にして，加速電圧を変えて直径の測定をし，表とグラフにまとめて，コイルの軸が東西方向の場合と比較してみる．また，地磁気の水平分力を $B = 3.12 \times 10^{-5}$ T として，地磁気の影響を考える．

d. 片付け

測定が終了したら，直流電源の電流調整つまみと電圧調整つまみを回らなくなるまで反時計回りに回し主電源を落とす．次に比電荷測定装置の加速電圧調整つまみを同じように反時計回りに回らなくなるまで回し主電源を落とす．つまみを回す際，限界を超えて無理に回すことのないように注意すること．

最後に各配線や機器の置き場所が元通りになっていることを確認してから実験を終了すること．

5．結果

[　　]の中には適当な単位を記入する．

（1）加速電圧一定の場合　　　　　　　　　　　　　　$V =$　　　　　[　　　　　]

表____　_____

I [　　]	R_1 [　　]	R_2 [　　]	$2r (= R_2 - R_1)$ [　　]	$1/r$ [　　]	e/m [　　]
				平均値	

計算例　　（7）式から

$$\frac{e}{m} = 3.29 \times 10^6 \left(\frac{1/r}{I}\right)^2 = \qquad \left(\text{————}\right)^2 = \qquad\qquad [\qquad]$$

（2）コイル電流 I と電子の円軌道半径の逆数 $1/r$ との関係のグラフ

　　　　　図____　_____

（グラフから読み取れることを記述する）

グラフの2点（　　　,　　　）（　　　,　　　）より,

傾き $\alpha = \dfrac{\quad - \quad}{\quad - \quad} = \rule{3cm}{0.4pt}$

$= \rule{2cm}{0.4pt}$　　　[　　　]　　　（**「実験レポートの書き方　D.」**を参照する）

（9）式より,

$\dfrac{e}{m} = 3.29 \times 10^6 \alpha^2 V = \rule{3cm}{0.4pt}$　　　[　　　]

（3）磁場一定の場合　　　$I = $　　[　　　]　　$B = $　　　[　　　]

表____　_____

V [　]	R_1 [　]	R_2 [　]	$2r\,(=R_2-R_1)$ [　]	r^2 [　]	e/m [　]
				平均値	

計算例　　（7）式より

$\dfrac{e}{m} = 3.29 \times 10^6 \dfrac{V}{I^2 r^2} = \rule{2cm}{0.4pt} \times \dfrac{\quad}{\quad} = \rule{2cm}{0.4pt}$　　　[　　　]

（4）加速電圧 V と電子の円軌道半径の2乗 r^2 との関係のグラフ

図____　_____

（グラフから読み取れることを記述する）

グラフの2点（　　　,　　　）（　　　,　　　）より

傾き $\beta = \dfrac{\quad - \quad}{\quad - \quad} = \rule{3cm}{0.4pt}$

$= \rule{2cm}{0.4pt}$　　　[　　　]　　　（**「実験レポートの書き方　D.」**を参照する）

（１１）式より

$$\frac{e}{m} = \frac{3.29 \times 10^6}{\beta I^2} = \qquad\qquad [\qquad\quad]$$

（５）　結果のまとめ

i)　e/m の測定値のまとめ

測定方法	計算	e/m [10^{11} C/kg]	文献値との相対偏差[%]
A．電圧一定 $V =$ $V_0 =$	表で計算した平均値		
	グラフの傾きから計算した値		
	下記の V' で計算した値		
B．電流一定 $I =$	表で計算した平均値		
	グラフの傾きから計算した値		

ii)　V と r^2 との関係のデータを近似する直線が図３（ｂ）のように，原点を通らないときの考察　直線が V 軸を V_0 で切るとすると，電子は実効的には $V' = V - V_0$ で加速されて電子銃から放出されているとみなせるだろう．そこで，A 加速電圧一定のグラフの傾き α から（９）式で比電荷を計算する時の加速電圧を V' で計算して，上の表に記入してみよう．

（６）実験を通して気づいたこと

文献値

電気素量　$e =$　　　　　　　[　　]	電子の質量 $m =$　　　　　　　　[　　]
電子の比電荷（文献値より計算）　$e/m=$　　　　　　　　[　　]	

（文献名　　　　　　　　　　　　　　　　　　　　　）

実験日時　　　年　　　月　　　日　（　）　天候　　　　気温　　　　[℃]

参考

共同実験者の結果　　　　　　　　共同実験者氏名 _____

加速電圧一定の場合　　　　　　　　　　$V =$　　　　　　[　　　　　]

表___ _____

I [　　]	R_1 [　　]	R_2 [　　]	$2r\,(=R_2-R_1)$ [　　]	$1/r$ [　　]	e/m [　　]
				平均値	

　　　　グラフの傾きより　　$e/m =$　　　　　　[　　　　　]

磁場一定の場合　　　　$I\ =$　　　　[　　　]　　$B =$　　　　　[　　　　]

表___ _____

V [　　]	R_1 [　　]	R_2 [　　]	$2r\,(=R_2-R_1)$ [　　]	r^2 [　　]	e/m [　　]
				平均値	

　　　　グラフの傾きより　　$e/m =$　　　　　　[　　　　　]

　共同実験者が直接測定した数値のみを転記し，レポート作成時に再度所定の計算を行ってレポートに記載する．

６．基礎知識

ａ．向心加速度

　等速で運動している物体に，運動方向に垂直な向きに一定の大きさの力を作用させると，物体の速さは変化せず，運動の向きが一定の割合で変わっていき，円運動となる．円軌道の半径を r，速さを v とする．Δt 秒間に図 7 の左図の a から b まで移動すると，その距離 Δr は挟角 $\Delta\theta$ の小さな扇形の円周部分であり，$\Delta r = r\Delta\theta$ である．これは速さ v で Δt 秒に進む距離だから $\Delta r = v\Delta t$ と書けるので，

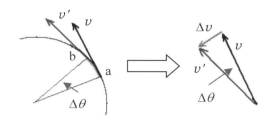

図 7　Δt 秒間の速度変化 Δv

$$v = r\frac{\Delta\theta}{\Delta t} \tag{12}$$

である．一方，速度の変化 Δv は図 7 の右図に示されているとおり，1 辺 v の 2 等辺三角形の底辺である．角度 $\Delta\theta$ が小さい時は三角形を扇形に近似し $\Delta v = v\Delta\theta$ と書けることがわかる．加速度は単位時間当りの速度の変化率であるので，

$$a = \frac{\Delta v}{\Delta t} = v\frac{\Delta\theta}{\Delta t} = \frac{v^2}{r} \tag{13}$$

となる．これが等速で円運動している時の向心加速度で，その向きは円の中心向きである．

ｂ．加速電圧

　この実験では，図 8 のような電子銃を用いて電子を加速する．電位差 V は，その間を単位電荷が移動する時にされる仕事として定義されている．したがって，電荷 q の物体が，電位差が V の間を移動した時には，

$$E = qV \tag{14}$$

のエネルギーを得ることになる．

　質量 m の荷電粒子が速度 0 から v まで加速すると，運動エネルギー

$$K = \frac{mv^2}{2} \tag{15}$$

を得る．エネルギー保存則より $E = K$ であり，粒子の速度は

$$v = \sqrt{\frac{2qV}{m}} \tag{16}$$

となる．

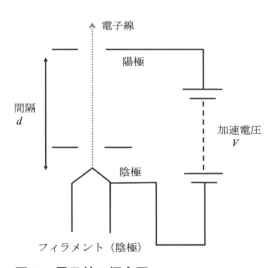

図 8　電子銃の概念図
フィラメント（陰極）から出た熱電子は，陽極との間の電圧で加速され，陽極の小孔から（15）式の速度を持って飛び出す．

K．回折格子による光の波長の測定

1．概要

ａ．光の回折

　港へ行くと，沖からやってきた波が防波堤のすき間を通り抜けて裏側へ回り込む様子が観察できる．波が障害物の裏側へ回り込む現象を**波の回折**という．光も電磁波という波であるので，同様な回折現象を起こす．光の波長は，**可視光**で約 380 nm（ナノメータ：$1\,\mathrm{nm} = 10^{-9}\,\mathrm{m}$）から 770 nm であり，非常に短い．

　波（光）の回折を観察するには，用いる波長に合わせてすき間の幅を選ぶ必要がある．光の波長は非常に短いため，この実験では図 1 の装置を用い，非常に狭いすき間（スリット）を持つ回折格子を使用して光の回折を観察する．

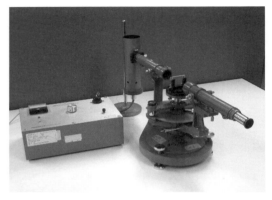

図1　「回折格子による光の波長の測定」実験装置の概観

ｂ．波の干渉と回折格子

　図 2 の矢印のように 2 つのスリットに進入した波は，スリット通過後に拡がり，それぞれの波が重ね合わさって，ある場所では強め合い（波の山と山，谷と谷が重なり合う），また，別の場所では弱め合う（波の山と谷が重なり合う）．このような現象を**波の干渉**という（「**M．ニュートンリング**」の実験の基礎知識「**ｃ．波の干渉**」を参照する）．

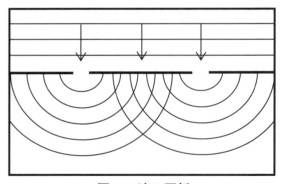

図2　波の回折

この実験で行うこと　＜回折格子の単位長さあたりのスリット数と光の波長の測定＞

　本実験では，**分光計**と既知の波長を持つ**ナトリウムランプ（輝線の波長は 589.3 nm）**を用いて回折角を測定し，回折格子の単位長さ当りのスリットの数（格子定数の逆数）の求める．次に，この回折格子と分光計を用いて回折角を測定することで，**水銀ランプ**の**輝線スペクトル**の波長を求める．

2．原理

　透明で平らなガラスの片面に 1 cm あたり数百本の細かい平行な溝（刻線）を等間隔に刻んだものを**回折格子**という．回折格子の隣接する溝と溝の間隔 d を**格子定数**という．回折格子に光を当てると，溝の部分は細かな凹凸ですりガラスのようになって光は透過できないが，溝と溝のすき間の透明な部分は光が透過し，スリットの役割をする．回折格子は，多数のスリットから回折した光が干渉し合うた

め，明瞭な干渉縞が観測できる．図3のように，この回折格子に垂直に単色光の平行光線を入射させ

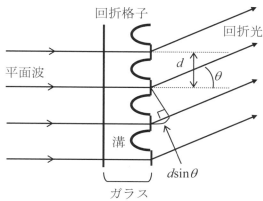

図3　回折格子と光路差

る．この時，入射方向と回折光とのなす角をθ（これを回折角と呼ぶ）とすると，隣り合う各スリットの光の道のりには$d\sin\theta$ずつの差がある．これが単色光の波長λの整数倍の時，すなわち

$$d\sin\theta = n\lambda \quad (n = 0, 1, 2, \ldots) \quad (1)$$

を満たす時，角θの方向では光は互いに強め合って明るくなるが，それ以外では暗くなる．つまり波長λと格子定数dを与えた時，（1）式を満たす回折角θの方向にだけ，回折した光が現れる．

図4は（1）式における$n = 1, 2, 3$の場合の回折光および回折光と入射方向のなす角θ_1, θ_2, θ_3を模式的に示したものである．（1）式で$n=1$（1次），2（2次），3（3次）の場合について書き直すと以下のようになる．

$$\sin\theta_1 = \lambda / d = h\lambda \quad \text{(1次)}$$
$$\sin\theta_2 = 2h\lambda \quad\quad\quad \text{(2次)} \quad (2)$$
$$\sin\theta_3 = 3h\lambda \quad\quad\quad \text{(3次)}$$
$$\cdots\cdots\cdots\cdots\cdots\cdots\cdots\cdots$$

ここで$h = 1/d$は単位長さ当りのスリットの数である．これら1次，2次，3次，．．．．の回折光は分光計の望遠鏡を通すとそれぞれ1本の線として見える．色の異なる複数の光，つまり様々な波長の光を含んだ光源（例えば水銀ランプ）の場合には，異なる色の光について回折線がそれぞれ観測される．

図5に1 cm当り500本のスリットを持つ回折格子に，ナトリウムランプのD線（波長589.3 nm）を入射した際の回折の次数nと回折角θの関係を示す．この図からわかるように，回折角θが小さいときは，θとnは比例関係にある．

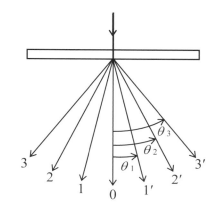

図4　入射方向と回折光のなす角度
（回折角）

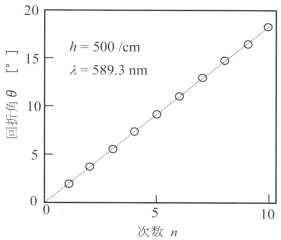

図5　回折の次数nと回折角θとの関係

149

３．装置

分光計，ガラス回折格子，ナトリウム（Na）ランプ，水銀（Hg）ランプ，線スペクトル管用電源とランプ台，電気スタンド．

４．方法

a．準備

（1）分光計の調節

分光計の主要部の構造は，図6，図7に示すように目盛円板 E，プリズム台 D，コリメータ C，望遠鏡 T からなり，これらは共通な鉛直軸の周りに回転できるようになっている．バーニア V_1，V_2 は望遠鏡 T と共に回転し，角度を読みとるためのものである．また，スリット S は入射光を細く絞るためのものである．

分光計の調整法は，本書の**「基本的な測定器具の使い方　９．」**を参照する．プリズム台は水平に調整しておく．

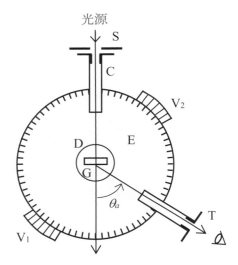

図6　分光計の主要部の構造と
　　　回折光の角度 θ

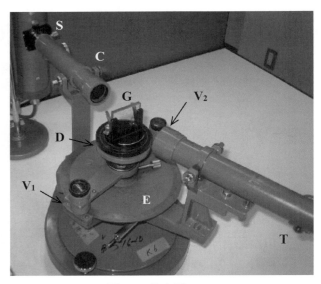

図7　分光計

（2）回折格子の調節

i) まず Na ランプを取り付け，点灯させる（ランプの取り付け方，線スペクトル管用電源の使い方は**「基本的な測定器具の使い方　１０．」**を参照する）．電源のダイアルの数字を大きくするとランプがより明るくなるので，見やすい明るさとなるように調整する．ただし，明るくしすぎるとランプの寿命が短くなるので注意する．

ii) 回折格子 G をプリズム台 D 上にその刻線の方向が分光計の回転軸に平行になるようにのせ，その面を入射光線の方向に対して垂直にする．

iii) 望遠鏡をいったん脇へやり，片目で回折格子を通してスリットをのぞく．回折格子の向こう側にスリットがあり，そこから黄色の光が見えているだろう．これが0次光，つまり回折せずに直進してきた光である．次に顔の位置を少しだけ左および右にずらすと，ある位置で再び黄色

の線が見える．これが回折光である．0次光に近い方から順に 1, 2, 3 次の回折線である（回折線が上下に並ぶ場合は回折格子を 90° 回してのせてやり直す）．

iv) 次に望遠鏡を目の前に持ってきて，目で行ったことをより正確に行う．まず中央に Na の D 線の最も明るい 0 次，そして望遠鏡を左に回していくと 1 次，2 次，3 次,....また右に回すと 1′次，2′次，3′次,...の回折像が見られる．望遠鏡を回した際に回折像が上または下方向にずれてくるときは，刻線の方向が分光計の回転軸に対して傾いているためであるから，プリズム台 D の下にあるねじを調節して，プリズム台を水平にする．

b．測定

（1）回折格子の単位長さ当りのスリット数の測定

i) 望遠鏡の十字線を左右の 1 次，2 次，3 次の回折像に順次正確に合わせ，その位置を 1′の桁まで正確に読み取る．バーニアの読み方は**「基本的な測定器具の使い方　9．分光計」**の**「d．副尺の読み方」**を参照する．望遠鏡に体や服が触れると測定は不正確になるので，そのようなことがないよう注意をする．同一次数の回折像に対して，左側の像を測定するときのバーニア V_1 の読みを a_1, V_2 の読みを a_2, 右側の像を測定するときのバーニア V_1 の読みを $a_1′$, バーニア V_2 の読みを $a_2′$ とする．

ii) 回折角 θ を

$$\theta_a = \frac{1}{2}\left| a_1 - a_1' \right| \quad , \theta_b = \frac{1}{2}\left| a_2 - a_2' \right| \tag{3}$$

として，その平均値

$$\theta = \frac{1}{2}\left(\theta_a + \theta_b\right) \tag{4}$$

を求める．平均値を用いることによって，望遠鏡の回転軸と角度目盛円板の中心が一致しない場合に生じる角度の誤差（通常 2′ ～ 3′ 以下）は相殺される．

iii) 得られた各次数の回折角 θ と次数 n の関係のグラフを描く．データ点に対して近似直線を引き，ほぼ原点を通ること，つまり，比例関係にあることを確かめる（図 5 参照）．ある測定点がこの直線から大きくはずれたときは，バーニアの読み間違い等が考えられるのでその次数の測定をやり直す（**角度は 60′ で 1° である．60 進数の計算を間違えないように行う．「6．基礎知識　b．角度（60 進数）の計算」参照する**）．

iv) Na ランプの D 線の波長を 589.3 nm として，それぞれの次数に対して単位長さ当りのスリットの数 h を（2）式より求め，平均して h の測定値とする．回折角 θ の $\sin\theta$ は巻末の三角関数表，あるいは電卓を用いて計算する．

v) i) の測定を，測定者を交代して行う．この時，共同実験者の h の値とおよそ一致していることを確かめる．一致していない場合は計算もしくは実験をやり直す．

（2）輝線スペクトルの波長の測定

i) ランプが熱くなっているので，やけどに注意して Na ランプを Hg ランプと交換し，測定（1）

151

と同様の測定を行う（複数色ある輝線スペクトルのうちの１色について測定を行えばよい）．
得られた各次数の回折角 θ と次数 n の関係のグラフを描く．近似直線が原点を通る，すなわち，
比例関係にあることを確かめる（図５参照）．測定（１）の iv) で求めた h の値を用いてその
スペクトル線の波長を求める．

ii) 測定者を交代して，i) の測定を行う．**共同実験者とは異なる色を選び**，その輝線スペクトルの
波長を求める．計算時には自分で求めた h の値を用いる．

５．結果

[　　　]の中には適当な単位を記入する．

（１）回折格子の単位長さ当りのスリット数

表 _____ _____

次数	左側の像		右側の像		回折角１ $\theta_a = \dfrac{\lvert a_1 - a_1' \rvert}{2}$	回折角２ $\theta_b = \dfrac{\lvert a_2 - a_2' \rvert}{2}$	$\theta = \dfrac{\theta_a + \theta_b}{2}$	h [　　]
	a_1	a_2	a_1'	a_2'				
1								
2								
3								

h の平均値 =　　　　　　　　　　[　　　　　　]

$$h = \frac{\sin\theta_1}{\lambda} = \text{———————————————} = \qquad [\qquad\quad]$$

$$h = \frac{\sin\theta_2}{2\lambda} = \text{———————————————} = \qquad [\qquad\quad]$$

$$h = \frac{\sin\theta_3}{3\lambda} = \text{———————————————} = \qquad [\qquad\quad]$$

（2）回折の次数 n と回折角 θ との関係のグラフ（レポートではグラフ用紙に作成すること）

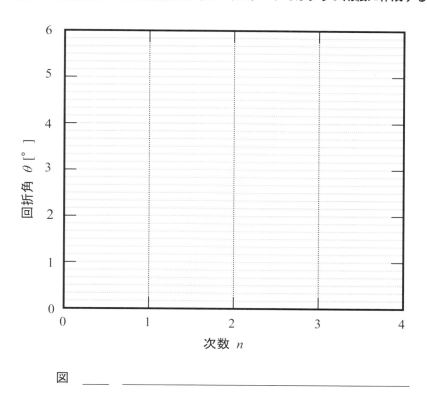

図 ____ _____

（グラフから読み取れることを記述する）

- -

- -

（3）Hg ランプの輝線スペクトルの波長

（目で見た時の色： _____ ）

表 ____ _____

次数	左側の像		右側の像		回折角1	回折角2	$\theta = \dfrac{\theta_a + \theta_b}{2}$	λ [ ]
	a_1	a_2	a_1'	a_2'	$\theta_a = \dfrac{|a_1 - a_1'|}{2}$	$\theta_b = \dfrac{|a_2 - a_2'|}{2}$		
1								
2								
3								

λ の平均値 ＝   [   ]

$$\lambda = \frac{\sin\theta_1}{h} = \underline{\hspace{6cm}} = \qquad [\qquad]$$

$$\lambda = \frac{\sin\theta_2}{2h} = \underline{\hspace{5cm}} = \qquad\qquad [\qquad\quad]$$

$$\lambda = \frac{\sin\theta_3}{3h} = \underline{\hspace{5cm}} = \qquad\qquad [\qquad\quad]$$

（4）回折の次数 n と回折角 θ との関係（レポートではグラフ用紙に作成すること）

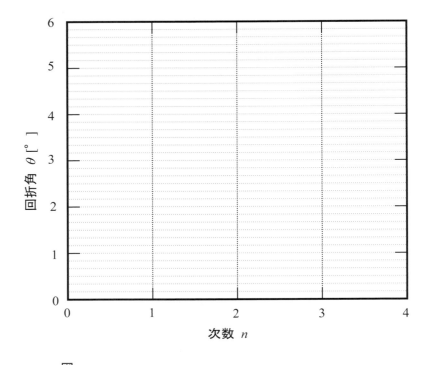

図 ____ _____

（グラフから読み取れることを記述する）

- -

- -

（5）実験を通して気づいたこと

- -

- -

- -

- -

実験実施日　　　年　　　月　　　日　（　　）　天候　　　気温　　　　［℃］

参考　共同実験者の結果

　　　　　　　　共同実験者氏名 _____

回折格子の単位長さ当りのスリット数

共同実験者の結果は a_1, a_2, a_1', a_2'　のみを記録し，レポート作成時に h や λ の計算を各自行う.

表 _____ _____

次数	左側の像		右側の像		回折角1	回折角2	$\theta = \dfrac{\theta_a + \theta_b}{2}$	$h\,[\quad]$
	a_1	a_2	a_1'	a_2'	$\theta_a = \dfrac{|a_1 - a_1'|}{2}$	$\theta_b = \dfrac{|a_2 - a_2'|}{2}$		
1								
2								
3								

h の平均値 = 　　　　　　　　　[　　　　　]

$$h = \frac{\sin\theta_1}{\lambda} = \underline{\hspace{5cm}} = \qquad [\qquad]$$

$$h = \frac{\sin\theta_2}{2\lambda} = \underline{\hspace{5cm}} = \qquad [\qquad]$$

$$h = \frac{\sin\theta_3}{3\lambda} = \underline{\hspace{5cm}} = \qquad [\qquad]$$

155

Hg ランプの輝線スペクトルの波長

（目で見た時の色：　　　　　　　　　　　　　　）

表 ＿＿＿＿　＿＿＿＿＿＿＿＿＿＿＿＿＿＿＿＿＿＿＿＿＿＿＿＿＿＿＿＿＿＿

次数	左側の像		右側の像		回折角1	回折角2	$\theta = \dfrac{\theta_a + \theta_b}{2}$	λ [ ]
	a_1	a_2	$a_1{}'$	$a_2{}'$	$\theta_a = \dfrac{\|a_1 - a_1{}'\|}{2}$	$\theta_b = \dfrac{\|a_2 - a_2{}'\|}{2}$		
1								
2								
3								

λ の平均値 ＝ 　　　　　　　　[　　　　　　　]

$$\lambda = \frac{\sin \theta_1}{h} = \underline{\hspace{6cm}} = \qquad [\hspace{2cm}]$$

$$\lambda = \frac{\sin \theta_2}{2h} = \underline{\hspace{6cm}} = \qquad [\hspace{2cm}]$$

$$\lambda = \frac{\sin \theta_3}{3h} = \underline{\hspace{6cm}} = \qquad [\hspace{2cm}]$$

６．基礎知識

a．Na，Hg ランプと輝線スペクトル

　ナトリウムランプや水銀ランプなどは**放電灯**の1種で，ランプ内には希薄な金属蒸気が入っていて，この金属蒸気の中で行われる**真空放電**の発光を利用したランプである．これらのランプから出る光のスペクトルは，波長が広い範囲で連続的に分布した**連続スペクトル**ではなく，図8のように特定の波長の所に輝いた線が現れる**線スペクトル（輝線スペクトル）**を示す．原子中の電子は**量子条件**によりとびとびのエネルギー（**エネルギー準位**）しか持てない．そのため，原子から発する電磁波（光も電磁波である）は，電子のエネルギー準位間のエネルギーに対応した波長で出てくることになるので，特定の波長を持つ輝線スペクトルとなる．輝線スペクトルの波長は，光を発する気体の原子（今の場合は蒸気中の金属原子）の種類に固有なものである．

　Na のオレンジ色の輝線は図8（a）の2本の線で示すように，波長が 0.6 nm だけ異なる2重線である．分解能が十分でない場合は1本の輝線として観測され，平均の波長が 589.3 nm である．

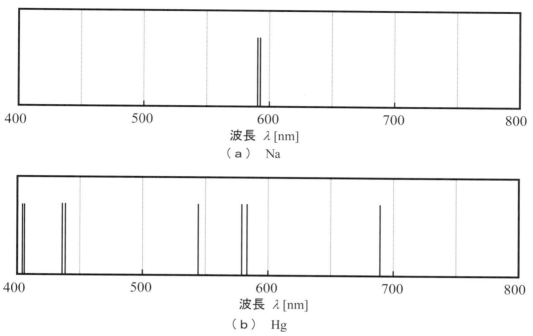

波長 λ [nm]

（a） Na

波長 λ [nm]

（b） Hg

図8 Na（a）及び Hg（b）における可視光領域の主な輝線スペクトル

b．光と色

可視光の限界と色の境界には個人差があるが，おおむね次のような波長（単位は μm）である．[1]

赤外	赤	橙	黄	緑	青	紫	紫外
0.76	0.64	0.59	0.55	0.49	0.43	0.40	

1)　理科年表：国立天文台編　（丸善，2023）p.457.

c．角度（60進数）の計算

角度は $60'$ で $1°$ である．60進数の計算は以下の例のように行う．

（1）$\dfrac{66°25' - 56°17'}{2} = \dfrac{10°08'}{2} = 5°04'$

（2）$\dfrac{64°40' - 57°56'}{2} = \dfrac{63°100' - 57°56'}{2} = \dfrac{6°44'}{2} = 3°22'$

（3）$\dfrac{63°02' - 59°38'}{2} = \dfrac{62°62' - 59°38'}{2} = \dfrac{3°24'}{2} = \dfrac{2°84'}{2} = 1°42'$

（4）$\dfrac{67°30' - 61°50'}{2} = \dfrac{66°90' - 61°50'}{2} = \dfrac{5°40'}{2} = \dfrac{4°100'}{2} = 2°50'$

（5）$355°44'$　から $0°$ を通過して $3°04'$　まで動いた時の角度変化は，$3°04'$　を $363°04'$　と見なして計算すればよい．

$$\dfrac{363°04' - 355°44'}{2} = \dfrac{362°64' - 355°44'}{2} = \dfrac{7°20'}{2} = \dfrac{6°80'}{2} = 3°40'$$

157

Ｌ．プリズムの屈折率の測定

１．概要

ａ．光の反射と屈折

光は真空中や一様な媒質中では直進するが，１つの媒質から別の媒質へ進む時，反射や屈折の現象を起こす．図１は空気中からプリズムに入射する光の屈折や反射の様子を観察することでプリズムの屈折率を測定する装置である．入射光，反射光，屈折光が，境界面に立てた法線となす角をそれぞれ**入射角**，**反射角**，**屈折角**という（図２）．光の反射については，「入射光と反射光は，境界面に垂直な同一平面上にあり，入射角と反射角は等しい」という**反射の法則**が成り立つ．

光がある物質（媒質）１から別の物質（媒質）２へ屈折して進む時，図２のように，入射角を i，屈折角を r，それぞれの物質中の光速を v_1, v_2，波長を λ_1, λ_2 とすると，物質１に対する物質２の**相対屈折率** n_{12} は，次式のようになる（**屈折の法則**）．

$$n_{12} = \frac{\sin i}{\sin r} = \frac{v_1}{v_2} = \frac{\lambda_1}{\lambda_2} \tag{1}$$

光が真空中から物質中に入射する時の屈折率を，その物質の**絶対屈折率**（または単に**屈折率**）という．真空中の光速を c，波長を λ_0，物質中の光速を v，波長を λ とすると，物質の絶対屈折率（屈折率）n は，次式で表される．

$$n = \frac{c}{v} = \frac{\lambda_0}{\lambda} \tag{2}$$

**図１　「プリズムの屈折率の測定」実験
　　　 装置の概観**

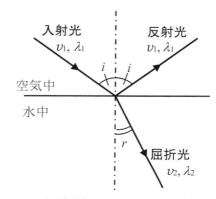

**図２　光が空気中から水中へ進む時の
　　　 光の屈折と反射の様子**

空気の絶対屈折率は 1.000292 であるので，ほぼ１と見なせる．したがって，空気に対するある物質の相対屈折率を，その物質の絶対屈折率と見なすことができる．

この実験で行うこと　＜プリズムの屈折率の測定＞

本実験では，ナトリウムランプの光を２種類のプリズムに入射させた際の反射角および屈折角を分光計を用いて測定し，各プリズムの屈折率 n を求める．プリズムの形は三角柱で，真上から見ると図３のように，ほぼ正三角形に見える．図では LM 方向から入射した光が，プリズムで曲げられて M′L′ 方向に出て行く．図の角度

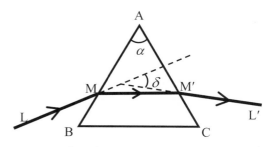

図３　プリズムに入射した単色光の経路

δは偏角と呼ばれ，光線の方向がプリズムによってどれだけ曲げられたかを表す．実験では入射角を変えて偏角δの最小値を求める．これを最小偏角δ_0という．また，プリズムの頂角αも測定する．頂角αと最小偏角δ_0の測定値から

$$n = \frac{\sin\left(\dfrac{\alpha + \delta_0}{2}\right)}{\sin\left(\dfrac{\alpha}{2}\right)} \qquad (3)$$

によって屈折率nが求められる．

2．原理

　ここでは，（3）式がどのような原理に基づくかを説明する．図4（a）のように角i, i', r, r'を定義する．この図の光の進む向きを逆にすると，光は同じ経路を逆向きに進む．さらに，図を左右逆転すると図4（b）になる（ただし，記号 B, C, L, M, M', L' は動かさない）．2つの図はiとi'，rとr'を入れ替えた関係になっていて，偏角δは等しい．このことから，図4（c）のように$i = i' \equiv i_0$, $r = r' \equiv r_0$で左右対称な経路になった時に，偏角が極値をとることがわかる．実際には最小になるので，この時の偏角を最小偏角と呼びδ_0で表す．

　簡単な幾何学から，図4（c）の角度には次の関係が成り立つ．

$$\begin{aligned} \alpha &= 2r_0 \\ \delta_0 &= 2(i_0 - r_0) \end{aligned} \qquad (4)$$

これをi_0とr_0について解くと，

$$\begin{aligned} r_0 &= \frac{\alpha}{2} \\ i_0 &= \frac{\alpha + \delta_0}{2} \end{aligned} \qquad (5)$$

となる．プリズムの屈折率をnとすれば，「屈折の法則」より次の式が導ける．

$$n = \frac{\sin i_0}{\sin r_0} = \frac{\sin\left(\dfrac{\alpha + \delta_0}{2}\right)}{\sin\left(\dfrac{\alpha}{2}\right)} \qquad (6)$$

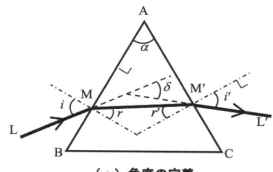

（a）角度の定義

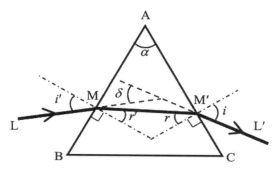

（b）角度i'で入射した場合の定義

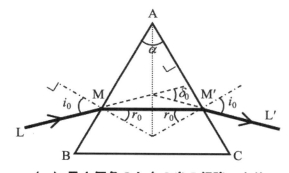

（c）最小偏角のときの光の経路の定義

図4　入射角による光の経路の変化角度の定義

３．装置

分光計，プリズム（クラウンとフリントの２種類），ナトリウム光源（電源装置とナトリウムランプ），電気スタンド．

４．方法

a．分光計の調整，ナトリウムランプ点灯

分光計の主要部の構造は，図５に示すように目盛円板E，プリズム台D，コリメーターC，望遠鏡Tからなり，これらは共通な鉛直軸の周りに回転できるようになっている．V_1，V_2はバーニアでTと共に回転し，角度を読みとるためのものである．また，スリットSは入射光を細く絞るためのものである．

（１）**「基本的な測定器具の使い方 ９．」**を参照して分光計を調整する．

（２）**「基本的な測定器具の使い方 １０．」**を参照してナトリウムランプを点灯させる．

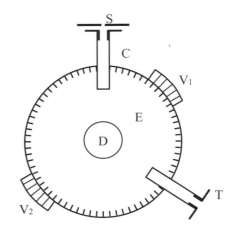

図５ 分光計の主要部の構造

b．プリズムの頂角の測定

（１）図６のようにプリズムを支持台にのせ，ねじを軽く締める．強く締めるとプリズムが割れるので注意する．また，すりガラスの面の向きに注意する．

（２）図７のねじS_0とS_1を調整してプリズム台を水平にする．

（３）支持台にのせたプリズムをプリズム台に置く．プリズムの面が台の三つのねじS_0, S_1, S_2に対して図７のようにほぼ$AB \perp S_0S_1$，$AC \perp S_0S_2$となるようにする．

（４）プリズム台を回して，図８のように，プリズムの頂角（対辺がすりガラスの面）をコリメーターに向ける．望遠鏡をT_1およ

図６ プリズム支持台

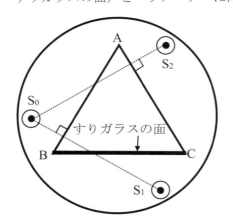

図７ プリズム台Dへのプリズムの置き方

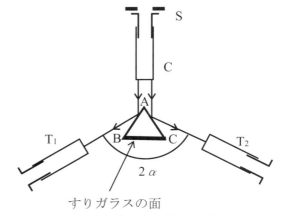

図８ プリズムの頂角の測定

び T_2 の位置に置けば，面 AB および AC での反射によるスリットの像が見える（まずプリズムの面で反射した光を肉眼で見つけ，その位置に望遠鏡を回転してくるのがよい）．像が望遠鏡視野の上部または下部にずれて見える時は次の手順によってこれを修正する．まず T_1 の位置で S_1 を調整して像が望遠鏡視野の中央にくるようにし，次に T_2 の位置で S_2 を調整して像が望遠鏡視野の中央にくるようにする．次に T_1 で S_1 を，T_2 で S_2 をというように交互に数回くり返して調整を行えば T_1, T_2 いずれの位置に置いても像は中央にくる（（2）のようにプリズムを置く理由を考えてみよう）．

（5）以上の調整が終わったら望遠鏡の十字線をスリット像に合わせ，T_1 および T_2 の位置で角度を読み，それぞれ θ_1 および θ_2 とする．次のことに注意する．

> 注意1　十字線をスリット像に合わせる時には，「**基本的な測定器具の使い方　9．**」の「**c．測定（3）（4）**」の回転固定ねじと微調整ねじを使って正確に合わせる．

> 注意2　角度は，バーニア V_1, V_2 のどちらか一方だけを用いて読む．V_1 を読んだり，V_2 を読んだりしてはいけない．最初にどちらで読むかを決めたら，そのバーニアで最後まで読む．バーニアの読み方は，「**基本的な測定器具の使い方　9．**」の「**d．副尺の読み方**」を参照する．）

（6）頂角 α の2倍を次式で求める．（この関係は図8と反射の法則から導ける．）

$$2\alpha = |\theta_1 - \theta_2| \tag{7}$$

（7）プリズム台をわずかに回して（5）と（6）を繰り返し，合計5回の測定を行う．2α の平均値を求め，2で割って頂角 α の測定値とする．

c．最小偏角の測定

（1）プリズムを図9の A′B′C′ のような位置に回し（B′C′ 面はすりガラス），コリメーターからの光を A′C′ 面から入射する．A′B′ 面から出てくる屈折光を肉眼で見る．その光が望遠鏡の視野の中に入るように望遠鏡の位置を合わせる．

（2）次にプリズム台をゆっくり回転しながら，光が望遠鏡の視野からはずれないように望遠鏡の位置を動かして光の動きを追跡する．偏角が小さくなる場合は，そのまま回転と追跡を続ける．偏角が大きくなる場合は，プリズム台を回す向きを逆にして，偏角が小さくなるように動かす．プリズム台の回転と望遠鏡での追跡を続けて偏角を小さくしていくと，プリズム台の回転の向きは同じなのに，あるところで逆に偏角が増大し始めるようになる．その位置が最小偏角の位置である．

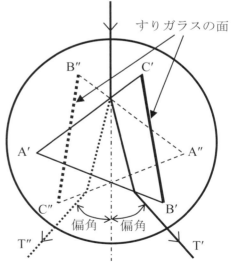

図9　最小偏角と光路

（3）視野内のスリットの像に十字線を合わせる．プリズム台を少しずつ回転させ，最小偏角の位置

（スリットの像が U ターンする先端の位置）でプリズム台を止める．スリットの像に十字線を精密に合わせ，このときの望遠鏡 T′ の位置 θ' をバーニアで読み取る．

（4）プリズム台を大きく回し，プリズムを A″B″C″ のような位置に持ってきて（B″C″ 面はすりガラス）（1）から（3）と同様な測定を行う．その時の望遠鏡 T″ の位置 θ'' をバーニアで読み取る．

（5）最小偏角 δ_0 の 2 倍を次の式で計算する．

$$2\delta_0 = |\theta' - \theta''| \tag{8}$$

（6）以上の測定を 5 回繰り返して行い，$2\delta_0$ の平均値を求める．これを 2 で割って最小偏角 δ_0 の測定値とする．

d．屈折率 n の計算

b，**c** の測定値 α および δ_0 を（3）式に代入して，Na の D 線（波長 589.3 nm（ナノメータ：1 nm = 10^{-9} m））に対するこのプリズムの屈折率 n を求める．三角関数は巻末の三角関数表あるいは電卓を使って計算する．

e．観測者の交代

測定者を交代して別のプリズムで **b**～**c** の測定を繰り返し，その屈折率 n を求める．

5．結果

プリズムの種類　（　　　　　　　　　）

（1）頂角 α

表 ____ _____

	θ_1	θ_2	$2\alpha = |\theta_1 - \theta_2|$	残差[′]	残差の二乗[(′)²]
1					
2					
3					
4					
5					
	平均値			残差の二乗和	

（2α の値の測定精度は標準偏差を計算して議論する．標準偏差の導出は **「実験に関する基礎知識」**の **「2．測定値と誤差，有効数字」**の **「g．平均値と標準偏差」**を参照し，レポート作成時に行う．）

平均値（最確値）　　$\alpha =$

標準偏差　　$\sigma =$

（2） 最小偏角 δ_0

表 ____ _____

	θ'	θ''	$2\delta_0 = \lvert\theta' - \theta''\rvert$	残差[']	残差の二乗$[(')^2]$
1					
2					
3					
4					
5					
	平均値			残差の二乗和	

($2\delta_0$ の値の測定精度は標準偏差を計算して議論する．標準偏差の導出は**「実験に関する基礎知識」**の
「2．測定値と誤差，有効数字」の**「g．平均値と標準偏差」**を参照し，レポート作成時に行う．)

平均値（最確値）　$\delta_0 =$

標準偏差　$\sigma =$

（3） プリズムの屈折率

$$n = \frac{\sin i_0}{\sin r_0} = \frac{\sin\left(\dfrac{\alpha + \delta_0}{2}\right)}{\sin\left(\dfrac{\alpha}{2}\right)} = \underline{\hspace{4cm}} =$$

（4） 実験を通して気づいたこと

163

参考

共同実験者の結果

共同実験者氏名 _____

プリズムの種類　　（　　　　　　　　　　　）

頂角 α

表 ____　_____

	θ_1	θ_2	$2\alpha = |\theta_1 - \theta_2|$	残差[']	残差の二乗[(')²]
1					
2					
3					
4					
5					
	平均値			残差の二乗和	

平均値（最確値）　　$\alpha =$

標準偏差　　$\sigma =$

最小偏角 δ_0

表 ____　_____

	θ'	θ''	$2\delta_0 = |\theta' - \theta''|$	残差[']	残差の二乗[(')²]
1					
2					
3					
4					
5					
	平均値			残差の二乗和	

平均値（最確値）　　$\delta_0 =$

標準偏差　　$\sigma =$

プリズムの屈折率

$$n = \frac{\sin i_0}{\sin r_0} = \frac{\sin\left(\dfrac{\alpha + \delta_0}{2}\right)}{\sin\left(\dfrac{\alpha}{2}\right)} = \underline{\hspace{5cm}} =$$

実験日時　　　　年　　　月　　　日（　　）　　天候　　　　　気温　　　　　〔℃〕

６．基礎知識

ａ．光の分散

　白色光をプリズムに通して白い紙に映すと，赤から紫まで連続的に分かれた色が見える．これは，屈折率が波長によって異なるので，白色光に含まれる赤から紫の光が，それぞれの波長に応じた角度で屈折して進むためである．このように，屈折によっていろいろな色の光に分かれることを**光の分散**といい，光をその波長によって分けたものを**スペクトル**という．

　白熱灯の光は高温のフィラメントから出る光で，そのスペクトルは波長が広い範囲で連続的に分布した**連続スペクトル**となる．それに対して，水銀灯やネオン管の光は，いくつかの輝いた線がとびとびに分布した線スペクトルを示す．一般に，高温の固体や液体から出る光は，連続スペクトルとなる．また，高温の気体が出す光は，その気体に特有の線スペクトルになる．ナトリウムランプは，589.3 nm の単一波長成分しか持たないので，この実験には都合がよい（正確には波長がわずかに異なる 588.9950 nm と 589.5924 nm の 2 成分が混ざっている）．

ｂ．角度（60 進数）の計算

　角度は 60′ で 1° である．60 進数の計算は以下の例のように行う．

（1）$\dfrac{66°25' - 56°17'}{2} = \dfrac{10°08'}{2} = 5°04'$

（2）$\dfrac{64°40' - 57°56'}{2} = \dfrac{63°100' - 57°56'}{2} = \dfrac{6°44'}{2} = 3°22'$

（3）$\dfrac{63°02' - 59°38'}{2} = \dfrac{62°62' - 59°38'}{2} = \dfrac{3°24'}{2} = \dfrac{2°84'}{2} = 1°42'$

（4）$\dfrac{67°30' - 61°50'}{2} = \dfrac{66°90' - 61°50'}{2} = \dfrac{5°40'}{2} = \dfrac{4°100'}{2} = 2°50'$

（5）355°44′ から 0° を通過して 3°04′ まで動いた時の角度変化は，3°04′ を 363°04′ と見なして計算すればよい．

$$\frac{363°04' - 355°44'}{2} = \frac{362°64' - 355°44'}{2} = \frac{7°20'}{2} = \frac{6°80'}{2} = 3°40'$$

165

M．ニュートンリングの実験

1．概要

　プールなどで水面をたたくと波が起こる．2 カ所を同時にたたき，2 つの波がぶつかるとどうなるだろうか．波の山と山が重なると波は大きくなり，山と谷が重なるとお互い打ち消し合って波が小さくなる．これを波の干渉という．光は波なので同じ現象が見られる．**ニュートンリング**は光の干渉によって生じる現象であり，本実験では図1の装置で観察する．

図1　「ニュートンリング」実験装置の概観

　さて，図2のように，曲率半径の比較的大きな平凸レンズ L の凸面側を平面ガラス板 P の上に接触させて置き，これに単色光をあてる．図では右側から入射した単色光をハーフミラー（半透明鏡）H でレンズに垂直に入射し，真上から観測する．そうすると，レンズ面に明暗が同心円状に交互にならんだ干渉縞が見られる．この干渉縞は，アイザック・ニュートンが初めて科学的な考察を与えたことにちなんで，ニュートンリングと呼ばれている．

　この環状の明暗の干渉縞は，レンズ L と平板ガラス P との間隙 BC 間の光路差により生じる．中心から m 番目の暗線リングの半径 r_m [m]と単色光の波長 λ [m]，およびレンズの曲率半径 R [m]の間には

$$r_m^2 = m\lambda R \tag{1}$$

の関係があるので，r_m を読み取り顕微鏡で正確に測ることで（1）式から R がわかる．（曲率半径とは，レンズの凸側の曲面を延長してできる球の半径のことをいう．図3を参照せよ）．曲率半径が大きければ曲面の曲がり具合は緩い．

　また，レンズと平板ガラスのすき間が屈折率 n の液体で充填されている時，暗線リングの半径 r_m' は

$$r_m'^2 = m\lambda R / n \tag{2}$$

となることから，**液体の屈折率を測定できる．**

この実験で行うこと　＜ニュートンリングの直径を測定し，レンズの曲率半径を求める＞

　本実験ではニュートンリング実験装置を使い，平板ガラスと凸レンズによってできるニュートンリングを観察する．リングの半径 r_m を読み取り顕微鏡で測定することによって，（1）式を使ってレンズ

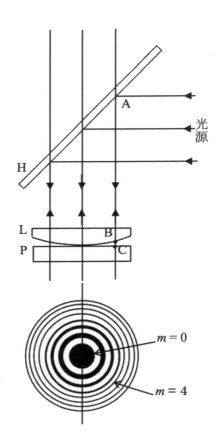

図2　ニュートンリングと光学系

の曲率半径 R を求める．また応用実験としてエタノールの屈折率を測定する．

２．原理

　図2のように平面ガラス板 P 上に平凸レンズ L を置き，波長λの単色平行光線を上方から垂直に入射させる．光源は図の右方にあり，ハーフミラーH で反射させている．また，上方には読み取り顕微鏡があり，レンズ面上の干渉縞をハーフミラーH の上から観測する．

　さて，A からレンズに入射した光の一部はレンズ凸面の B で反射する．また一部はレンズと平面ガラス間の空気層を通って，平面ガラス面の C で反射する．この2つの反射光は B より上方に出る際に重ね合わされる．B での反射では位相の変化を生じない．C での反射ではガラスの屈折率が空気の屈折率より大きいので，半波長の位相の変化（位相角で π）を生じる．考えている場所での空気層の厚さ（図では BC）を t とすると，この2つの反射光の道のりの差は $2t$ であるから，干渉の条件は $m=0,1,2,\ldots$ として次のようになる（「６．基礎知識」を参照する）．

$$2t = m\lambda \qquad \text{の場所で暗く，} \tag{3a}$$

$$2t = \left(m+\frac{1}{2}\right)\lambda \qquad \text{の場所で明るい．} \tag{3b}$$

ここで，$m=0$ は中央部の円状の暗部である（2枚のガラス板が密着している部分は，ガラスが連続している場合と同じであるので，光は反射せず，上方から見ると暗部となっている）．その外側では空気層の厚さの同じ場所が同心円上に分布しているので，同心円状の明暗の縞が生じることになる．

　次に m 番目の干渉縞の半径を r_m，レンズ凸面の曲率半径を R とする．図3で △QGB は直角三角形であるので，三平方の定理より，

$$R^2 = (R-t)^2 + r_m{}^2 \tag{4}$$

となる．さらに，$R \gg t$ を考慮すると2次の微小量 t^2 は無視できるので（4）式は，

$$r_m{}^2 = 2tR \tag{5}$$

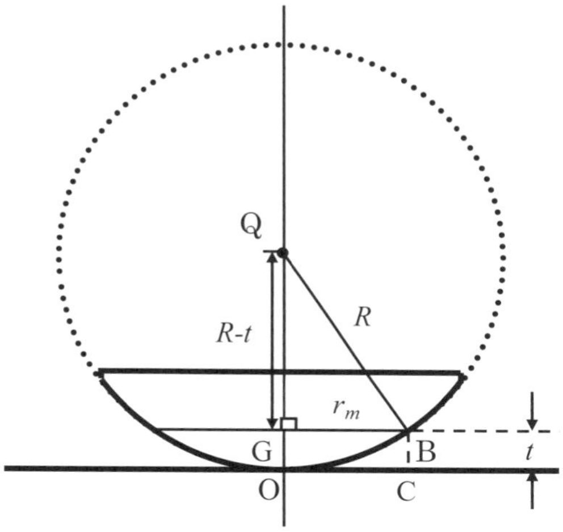

となる．直径を d_m とすると $d_m = 2r_m$ となり，（3），（5）より干渉の条件は

図3　レンズの曲率半径と平板ガラスとの間隙

$$d_m{}^2 = \begin{cases} 4m\lambda R & \text{の時，暗} \\[2mm] 4\left(m+\dfrac{1}{2}\right)\lambda R & \text{の時，明} \end{cases} \tag{6}$$

となる．

　平面ガラス板 P と平凸レンズ L の間に，空気ではなく屈折率 n の液体がある場合は，液体の中での光の波長が λ/n に変わるので，（6）の干渉条件は

$$d_m{}^2 = \begin{cases} \dfrac{4m\lambda R}{n} & \text{の時，暗} \\[4mm] \dfrac{4\left(m+\dfrac{1}{2}\right)\lambda R}{n} & \text{の時，明} \end{cases} \tag{7}$$

である．

（６）式からわかるように，暗線の番号 m と，干渉
縞の直径の 2 乗 d_m^2 は比例の関係がある．m と d_m^2 で
グラフを描くと，図4のように直線となり，その傾き
が $4\lambda R$ である．また，平面ガラス板と平凸レンズの間
に屈折率 n の液体を満たした時，（７）式より直線の傾
きは，空気の場合の $1/n$ になる．

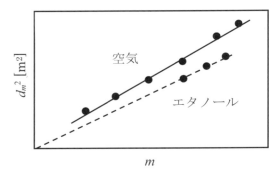

図4　暗線の番号と直径の 2 乗の関係

３．装置

ニュートンリング測定装置（平面ガラス板，平凸レンズ，ハーフミラー，読み取り顕微鏡，
およびこれらの保持具よりなっている（図6）），ナトリウム光源，電気
スタンド，エタノール，清浄用の薄紙（キムワイプ）

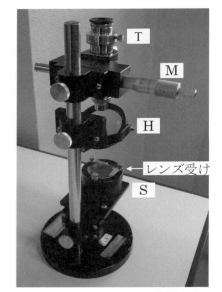

図5　レンズ受け

４．方法

a．準備

（１）レンズ L と平板ガラスを重ねる．電灯の光で直径数 mm
のニュートンリングが肉眼で見えることを確認する．

（２）レンズと平板ガラスをレンズ受け（図5）に入れる．3
カ所のレンズ抑え K を調整してニュートンリングがほぼ
中央に見えるようにセットする．

（３）レンズ受けをステージ S に取り付ける．

（４）顕微鏡筒 T をレンズの真上に，ハーフミラーH を光源の
光を受ける中程の高さに固定する．

（５）ナトリウムランプを点灯する（**「基本的な測定器具の使
い方　１０．」**を参照する）．ランプの光がレンズ面に垂直
に入射するようハーフミラーH の傾きを調整する．

（６）顕微鏡 T をのぞきながら接眼レンズ上部の黒い部分を回
して，視野内の十字線が明瞭に見えるようにする．

（７）ステージ S を上下に動かしてニュートンリングにピント
が合う位置を探す．

（８）ピントがあったら，全体の位置調整をする．顕微鏡をの
ぞきながらマイクロリーダ M で顕微鏡の鏡筒を左右に移

図6　ニュートンリング測定装置

動させてみる．暗環の半径を左右とも 10 番目まで測定するので，10 番目の暗環が両方ともマ
イクロリーダの可動範囲に入るように，かつ，視野内の十字線の交点がニュートンリングの中
心を通過できるように，位置を調整する．

注意　ニュートンリングの中心の目盛りをマイクロリーダの0に合わせると，リングの片側しか
測定できない．中心の目盛りは0ではなく，**10〜15 mm 付近**にくるようにすればよい．

（9）装置が正しくセットされ，ピントが合っているかどうかを確認するため，次の操作を行う．

i) ニュートンリングの暗環を，内側から順に 1, 2, 3, ..., 10 番とする．マイクロリーダを回して顕微鏡を移動させ，5 番目の暗環の中央に十字線の交点を合わせ，その時のマイクロリーダの読み a_5 を記録する．

ii) さらにマイクロリーダを回して鏡筒を移動させ，中心を越えた逆側の 5 番目の暗環の中央に十字線の交点を合わせ，その時のマイクロリーダの読み a_5' を記録する．

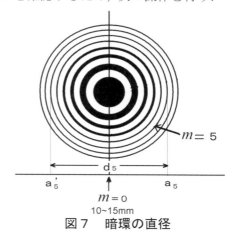

図7　暗環の直径

iii) 5 番目の暗環の直径 $d_5 = | a_5 - a_5' |$ を求め，mm 単位で 2 乗して 85 倍し，R の概算値を計算する．

表1　5番目の暗環の測定値と R の概算値

m	a_m [　　　]	a_m' [　　　]	d_m [　　　]	$85 \times d_m^2$ [mm]
5				

iv) R の概算値が $1900 < R < 2100$ の範囲にない場合は，ピントがきちんと合っていない可能性がある．その場合は，ステージ S を上下させてピントを合わせ直したあと，i) 〜 iii) の操作を再び行う．R の概算値がこの範囲に入るまで，i) 〜 iii) の操作を繰り返す．

> **注意**　マイクロリーダの読み方は，マイクロメータと同じなので 0.001 mm の精度で測定する．
> **「基本的な測定器具の使い方　3.」**を参照すること．

b．測定

（1）マイクロリーダを回して顕微鏡を移動させ，10 番の暗環の中央に十字線の交点を合わせる．この時のマイクロリーダの読み a_{10} を読み取ったらマイクロリーダで鏡筒を移動させ，順次 9, 8, ..., 4 の環について $a_9, a_8, ..., a_4$ を読み取っていく．さらに連続して中心を越えて鏡筒を移動させ，内側から外側の環に向かって $a_4', a_5', ..., a_{10}'$ を読み取っていく．1, 2, 3 番目の暗環は幅が広く測定誤差を生じやすいので，a_1, a_2, a_3 および a_1', a_2', a_3' の測定は行わなくてよい．

（2）測定値を次ページの表のようにまとめ，各環の直径 $d_m = 2r_m = | a_m - a_m' |$ および，d_m^2 を計算する．d_m^2 を計算するときは，d_m の単位を <u>m に直して計算</u> すること．

（3）原理の（6）式を曲率半径 R について解くと次のようになる．

$$R = \frac{d_m^2}{4m\lambda} \tag{8}$$

環番号 m と各環の直径の 2 乗 d_m^2，ナトリウム光の波長を $\lambda = 589.3$ [nm] $= 5.893 \times 10^{-7}$ [m] としてこの式に代入し，各環ごとの R を求める．

（4）R の平均値 $\overline{R}$ を求める．

（5）測定者を交代して，逆向きに読みとっていき，同様にして R を求める．

169

（6）環番号 m と各環の直径の2乗 d_m^2 との関係のグラフから，曲率半径 R を次の手順で求める.

　　i) 環番号 m と各環の直径の2乗 d_m^2 との関係をグラフに描き，図4のように直線になることを確かめる.

　　ii) グラフの直線上の離れた2点を取り，グラフの勾配 G を計算する.

　　iii)（6）式より，m と d_m^2 のグラフの勾配 G は $4\lambda R$ に相当するので，$G = 4\lambda R$ から R を求め，（4）で求めた値 $\overline{R}$ と比較する.

応用実験　レンズ間にエタノールを入れた場合の屈折率の測定

（7）平凸レンズを外して平面ガラスの中央にエタノールを1〜2滴たらす. 入れすぎるとガラスが密着しないので注意する. また，平凸レンズを裏返して取り付けないように注意する.

　　　エタノールを入れた場合は，空気に比べてレンズとの屈折率の差が小さくなるので，反射光が弱くなり，ニュートンリングは見えにくくなる. 同時に，ピントが合う位置も少し変わるので，ていねいに鏡筒位置を調整する. 読みやすい2,3個の暗環の位置を読み，上記（2），（6）のグラフの方法で原点を通る直線の勾配 G' より $4\lambda R / n$ を出す.

（8）測定者を交代して逆向きに読み取っていき，屈折率を求める.

5．結果　　　　[　　]の中には適当な単位を記入する.

（1）レンズの曲率半径 R

表 _____　_____

m	a_m [　　]	$a_m{}'$ [　　]	d_m [　　]	d_m^2 [　　]	R [　　]
4					
5					
6					
7					
8					
9					
10					

平均値 $\overline{R} =$

$R = \dfrac{d_m^2}{4m\lambda}$ からそれぞれの m に対して R を計算し，平均値 $\overline{R}$ を求める.

＜単位を合わせること＞

$m = 4 :　R = \dfrac{d_m^2}{4m\lambda} = \underline{\hspace{3cm}} = \underline{\hspace{3cm}} =$ 　　　　　　　　[　　　　]

（2）暗線の番号 m と干渉縞の直径の 2 乗 $d_m{}^2$ の関係のグラフ

　　　　図____　_____

（グラフから読み取れることを記述する）

　　グラフの直線上の 2 点（　　　　　，　　　　　），（　　　　　，　　　　　）より，

　　　　勾配　　$G' = \dfrac{\qquad - \qquad}{\qquad - \qquad} = \dfrac{\qquad}{\qquad} = $　　　　　　　　　　　[　　　]

　　　　曲率半径　$R = \dfrac{G}{4\lambda} = \dfrac{\qquad}{\qquad} = \dfrac{\qquad}{\qquad} = $　　　　　　　　　[　　　]

（3）エタノールの屈折率 n

　　　　表____　_____

m	a_m [　　]	$a_m{}'$ [　　]	d_m [　　]	$d_m{}^2$ [　　]

（4）暗線の番号 m と干渉縞の直径の 2 乗 $d_m{}^2$ の関係のグラフ

　　　　図____　_____

（グラフから読み取れることを記述する）

　　直線上の 2 点（　　　　　，　　　　　），（　　　　　，　　　　　）より，

　　　　勾配　　$G' = \dfrac{\qquad - \qquad}{\qquad - \qquad} = \dfrac{\qquad}{\qquad} = $　　　　　　　　　　　[　　　]

　　　　屈折率　$n = \dfrac{G}{G'} = \dfrac{\qquad}{\qquad} = $

171

（5）実験を通して気づいたこと

文献値　　エタノールの屈折率　$n =$
（文献名　　　　　　　　　　　　　　　　　　　　　）

実験日時　　　　年　　　月　　　日　（　　）　　天候　　　　気温　　　[℃]

共同実験者の結果

共同実験者氏名 _____

レンズの曲率半径 R

表 _____ _____

m	a_m [ ]	a_m' [ ]	d_m [ ]	d_m^2 [ ]	R [ ]
4					
5					
6					
7					
8					
9					
10					

平均値 $\overline{R} =$

エタノールの屈折率 n

表 _____ _____

m	a_m [ ]	a_m' [ ]	d_m [ ]	d_m^2 [ ]

　共同実験者が直接測定した数値のみを転記し，レポート作成時に再度所定の計算を行い，結果をレポートに記載する．

６．基礎知識

a.「光は波である」

16 世紀後半から 17 世紀にかけて，ガリレオ・ガリレイが地動説を説き，アイザック・ニュートンが力学の法則を確立した時代，光の性質の研究も進んだ．ガリレイはガラスによる光の屈折を応用して望遠鏡を発明し，月，木星や太陽の観測を行い，観測事実を説明するために地動説が不可欠である確信を得た．その後，力学の法則を確立したニュートンは，力学の運動方程式にしたがって光の粒子が運動することで光の反射や屈折の現象を説明しようとしていた（粒子説）とも伝えられている．

ニュートンが詳しく調べたことに由来する「ニュートンリング」は，光の干渉効果で生ずるものであり，ニュートンの粒子説ではなく，ホイヘンスが説いた光の波動説を立証することになった．

b.光の波長と色

ヒトは光の波長の違いを「色」と認識する．個人差はあるが，770 nm から 380 nm（nm はナノメートルで 1 nm = 10^{-9} m である．原子の大きさは 0.2 nm 程度．細胞は 1000 nm = 1 μm 程度）の波長の光が可視光である．波長の長い方から，赤，橙，黄，緑，青，藍，紫色である．これより短波長のものが紫外線，1 nm 以下の波長は X 線である．赤より長波長のものは赤外線，さらに長いものは電波と呼ばれる．光も X 線も波長の違う電磁波である．ちなみに携帯電話で使う電磁波は波長が 10 cm 程度の UHF 波である．

ヒトの網膜には赤色領域，緑色領域，青色領域のそれぞれに感度が高い色素細胞があり，赤と緑の細胞が反応すると黄色と感ずる，というようになっている．そこで，カラーテレビでは RGB（red, green, blue）の 3 色の配合で我々の目に鮮やかな映像を提供している．

太陽光は白色といわれるが，赤外から紫外領域までの波長成分を連続的に持つ．なかでも緑色（500 nm）が 1 番強い．

c.波の干渉

1 つの光源から出た光は水面の波のように拡がり，図 8 の 2 つの経路を通って再び会合する時，左図のように波の山と山，谷と谷が重なると強め合い，右図のように山と谷が重なると弱め合う．これを干渉という．

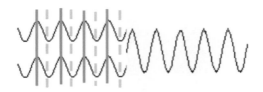

山と山，谷と谷が重なるので，2つの波は互いに強め合う．山の位置は縦の実線で，谷の位置は縦の点線で示す．

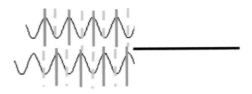

一方が半波長（位相π）だけずれると，山と谷が重なるので，2つの波は互いに打ち消し合う．

図 8　波の干渉

ニュートンリングのモデルとして，図9のように2枚のガラスではさまれたすき間を考えよう．入射波の一部はすき間を通り，下のガラスの面で反射される．すき間の屈折率がガラスの屈折率より小さい場合，下のガラスのC面で反射される時，波の位相が半波長ずれてしまう．

　一方，上のガラスとすき間の境界Bでも一部の波は反射される．この際は波の位相がずれない．そこで，図9のような場合ではBとCでの反射波が互いに打ち消し合う．他方，すき間の間隔が適当な厚みであると，反射波が互いに強め合う．

　すき間の間隔をtとすると，AからCを往復する光路差は$2t$であり，この長さが波長λの整数倍である時，図9のようになって互いに弱め合う．

$$2t = m\lambda \tag{3a}$$

ここで，mは整数である．他方，波長の半整数倍であれば互いに強め合う．

$$2t = \left(m + \frac{1}{2}\right)\lambda \tag{3b}$$

これが，「**2．原理**」の（3a）式と（3b）式である．

　このような干渉が起こるのは，間隔tが波長の数倍程度以内の場合である．ニュートンリングでは上のガラスが湾曲しており，同一間隔の場所が同心円上にあるので，単色光に対して同心円状の明暗の模様ができる．白色光ではどのような模様ができるか，考えてみよう．

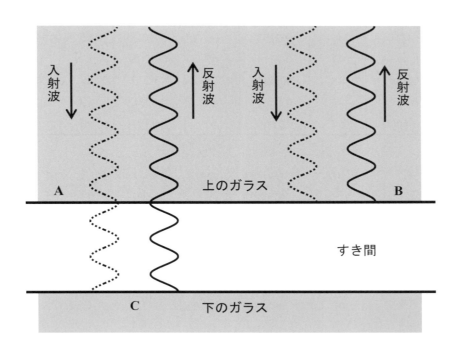

図9　2枚のガラス間における光の経路の違い

三角関数（正弦関数）表 1 ≪ 11° から 90° までの範囲≫

$\theta(°)$	$\sin\theta$	$\theta(°)$	$\sin\theta$	$\theta(°)$	$\sin\theta$	$\theta(°)$	$\sin\theta$
11	0.1908	31	0.5150	51	0.7771	71	0.9455
12	0.2079	32	0.5299	52	0.7880	72	0.9511
13	0.2250	33	0.5446	53	0.7986	73	0.9563
14	0.2419	34	0.5592	54	0.8090	74	0.9613
15	0.2588	35	0.5736	55	0.8192	75	0.9659
16	0.2756	36	0.5878	56	0.8290	76	0.9703
17	0.2924	37	0.6018	57	0.8387	77	0.9744
18	0.3090	38	0.6157	58	0.8480	78	0.9781
19	0.3256	39	0.6293	59	0.8572	79	0.9816
20	0.3420	40	0.6428	60	0.8660	80	0.9848
21	0.3584	41	0.6561	61	0.8746	81	0.9877
22	0.3746	42	0.6691	62	0.8829	82	0.9903
23	0.3907	43	0.6820	63	0.8910	83	0.9925
24	0.4067	44	0.6947	64	0.8988	84	0.9945
25	0.4226	45	0.7071	65	0.9063	85	0.9962
26	0.4384	46	0.7193	66	0.9135	86	0.9976
27	0.4540	47	0.7314	67	0.9205	87	0.9986
28	0.4695	48	0.7431	68	0.9272	88	0.9994
29	0.4848	49	0.7547	69	0.9336	89	0.9998
30	0.5000	50	0.7660	70	0.9397	90	1.0000

※ 中途半端な角度の場合の計算方法： 角度が 90° に近くなければ，直線的に変化すると近似して補間する．例えば， $\sin 49°51' = 0.7547 + (0.7660 - 0.7547) \times \dfrac{51}{60} = 0.7643$

三角関数（正弦関数）表2　《0°から15°までの範囲》

	0′	10′	20′	30′	40′	50′	60′	1′	2′	3′	4′	5′	6′	7′	8′	9′
0°	0.0000	0.0029	0.0058	0.0087	0.0116	0.0145	0.0175	3	6	9	12	14	17	20	23	26
1°	0.0175	0.0204	0.0233	0.0262	0.0291	0.0320	0.0349	3	6	9	12	14	17	20	23	26
2°	0.0349	0.0378	0.0407	0.0436	0.0465	0.0494	0.0523	3	6	9	12	14	17	20	23	26
3°	0.0523	0.0552	0.0581	0.0610	0.0640	0.0669	0.0698	3	6	9	12	14	17	20	23	26
4°	0.0698	0.0727	0.0756	0.0785	0.0814	0.0843	0.0872	3	6	9	12	14	17	20	23	26
5°	0.0872	0.0901	0.0929	0.0958	0.0987	0.1016	0.1045	3	6	9	12	14	17	20	23	26
6°	0.1045	0.1074	0.1103	0.1132	0.1161	0.1190	0.1219	3	6	9	12	14	17	20	23	26
7°	0.1219	0.1248	0.1276	0.1305	0.1334	0.1363	0.1392	3	6	9	12	14	17	20	23	26
8°	0.1392	0.1421	0.1449	0.1478	0.1507	0.1536	0.1564	3	6	9	12	14	17	20	23	26
9°	0.1564	0.1593	0.1622	0.1650	0.1679	0.1708	0.1736	3	6	9	12	14	17	20	23	26
10°	0.1736	0.1765	0.1794	0.1822	0.1851	0.1880	0.1908	3	6	9	12	14	17	20	23	26
11°	0.1908	0.1937	0.1965	0.1994	0.2022	0.2051	0.2079	3	6	9	12	14	17	20	23	26
12°	0.2079	0.2108	0.2136	0.2164	0.2193	0.2221	0.2250	3	6	9	12	14	17	20	23	26
13°	0.2250	0.2278	0.2306	0.2334	0.2363	0.2391	0.2419	3	6	9	12	14	17	20	23	26
14°	0.2419	0.2447	0.2476	0.2504	0.2532	0.2560	0.2588	3	6	9	12	14	17	20	23	26
15°	0.2588	0.2616	0.2644	0.2672	0.2700	0.2728	0.2756	3	6	9	12	14	17	20	23	26

使い方　例1：sin 1°42′． 表の左半分で 1° と 40′ の交わるところの値 0.0291 を読み取る。次に表の右半分の 2′ の下の 6 を 0.0006 と読み取る。この2つを合計して，sin 1°42′＝0.0291＋0.0006＝0.0297 となる。

例2：sin 1°48′． 表の右半分の 8′ の下の 23 を 0.0023 と読んで sin 1°48′＝0.0291＋0.0023＝0.0314 となる。

つまり，表の右半分の値を読むときは，10⁴倍して読み取ればよい。

物理定数表

名称	記号	値	単位
光速度	c	$2.997\ 924\ 58 \times 10^8$	$\mathrm{m\ s^{-1}}$
真空の透磁率	μ_0	$1.256\ 637\ 062\ 12(19) \times 10^{-6}$	$\mathrm{N\ A^{-2}}$
真空の誘電率	ε_0	$8.854\ 187\ 812\ 8(13) \times 10^{-12}$	$\mathrm{F\ m^{-1}}$
万有引力定数	G	$6.674\ 30(15) \times 10^{-11}$	$\mathrm{N\ m^2\ kg^{-2}}$
プランク定数	h	$6.626\ 070\ 15 \times 10^{-34}$	$\mathrm{J\ s}$
素電荷	e	$1.602\ 176\ 634 \times 10^{-19}$	C
原子質量単位	u	$1.660\ 539\ 066\ 60(50) \times 10^{-27}$	kg
ボルツマン定数	k_B	$1.380\ 649 \times 10^{-23}$	$\mathrm{J\ K^{-1}}$
アボガドロ定数	N_A	$6.022\ 140\ 76 \times 10^{23}$	$\mathrm{mol^{-1}}$
1モルの気体定数	R	$8.314\ 462\ 618\cdots$	$\mathrm{J\ mol^{-1}\ K^{-1}}$
理想気体1モルの体積	V_m	$2.241\ 396\ 954\cdots \times 10^{-2}$	$\mathrm{m^3\ mol^{-1}}$
電子の質量	m_e	$9.109\ 383\ 701\ 5(28) \times 10^{-31}$	kg
陽子の質量	m_p	$1.672\ 621\ 923\ 69(51) \times 10^{-27}$	kg
中性子の質量	m_n	$1.674\ 927\ 498\ 04(95) \times 10^{-27}$	kg
ミュー粒子の質量	m_μ	$1.883\ 531\ 627(42) \times 10^{-28}$	kg
ボーア半径	a_0	$5.291\ 772\ 109\ 03(80) \times 10^{-11}$	m
リュドベリ定数	R_∞	$1.097\ 373\ 156\ 816\ 0(21) \times 10^7$	$\mathrm{m^{-1}}$
電子の古典半径	r_e	$2.817\ 940\ 326\ 2(13) \times 10^{-15}$	m
電子の磁気モーメント	μ_e	$-9.284\ 764\ 704\ 3(28) \times 10^{-24}$	$\mathrm{J\ T^{-1}}$
陽子の磁気モーメント	μ_p	$1.410\ 606\ 797\ 36(60) \times 10^{-26}$	$\mathrm{J\ T^{-1}}$
中性子の磁気モーメント	μ_n	$-9.662\ 365\ 1(23) \times 10^{-27}$	$\mathrm{J\ T^{-1}}$
電子のコンプトン波長	λ_c	$2.426\ 310\ 238\ 67(73) \times 10^{-12}$	m

出典：2018年 CODATA 推奨値（CODATA：Committee on Data for Science and Technology）

注意：（　）内は標準不確かさをあらわす．（　）が付いていない値は定義値である．

物理単位表

量	記号*	単位	単位記号	他の表し方	SI 基本単位による表し方
長さ	l, x	メートル	m	この 4 種類の物理量（MKSA）を基本として，その他の物理量を表現することができる．	
質量	m	キログラム	kg		
時間	t	秒	s		
電流	I	アンペア	A		
平面角	θ	ラジアン	rad		
立体角	Ω	ステラジアン	sr		
絶対温度（熱力学温度）	T	ケルビン	K		
物質量	n	モル	mol		
面積	S	平方メートル			m^2
体積	V	立方メートル			m^3
質量密度	ρ				$kg\ m^{-3}$
速度	v				$m\ s^{-1}$
加速度	a				$m\ s^{-2}$
角速度	ω				$rad\ s^{-1}$
周波数	f, v	ヘルツ	Hz		s^{-1}
力	F	ニュートン	N		$m\ kg\ s^{-2}$
力のモーメント	N				$m^2\ kg\ s^{-2}$
圧力・応力	p	パスカル	Pa	$N\ m^{-2}$	$m^{-1}\ kg\ s^{-2}$
エネルギー	E	ジュール	J	$N\ m$	$m^2\ kg\ s^{-2}$
仕事率	P	ワット	W	$J\ s^{-1}$	$m^2\ kg\ s^{-3}$
熱流密度・放射照度	S			$W\ m^{-2}$	$kg\ s^{-3}$
熱容量・エントロピー	S			$J\ K^{-1}$	$m^2\ kg\ s^{-2}\ K^{-1}$
比熱	C			$J\ kg^{-1}\ K^{-1}$	$m^2\ s^{-2}\ K^{-1}$
電気量・電荷	Q	クーロン	C		$s\ A$
電圧・電位	V	ボルト	V	$W\ A^{-1}$	$m^2\ kg\ s^{-3}\ A^{-1}$
静電容量	C	ファラド	F	$C\ V^{-1}$	$m^{-2}\ kg^{-1}\ s^4\ A^2$
電気抵抗	R	オーム	Ω	$V\ A^{-1}$	$m^2\ kg\ s^{-3}\ A^{-2}$
コンダクタンス		ジーメンス	S	$A\ V^{-1}$	$m^{-2}\ kg^{-1}\ s^3\ A^2$
磁束		ウェーバー	Wb	$V\ s$	$m^2\ kg\ s^{-2}\ A^{-1}$
磁束密度	B	テスラ	T	$Wb\ m^{-2}$	$kg\ s^{-2}\ A^{-1}$
インダクタンス		ヘンリー	H	$Wb\ A^{-1}$	$m^2\ kg\ s^{-2}\ A^{-2}$
セルシウス温度	T	セルシウス度	℃		K
光束		ルーメン	lm	$cd\ sr$	
照度		ルクス	lx	$lm\ m^{-2}$	
放射能		ベクレル	Bq		s^{-1}
吸収線量		グレイ	Gy	$J\ kg^{-1}$	$m^2\ s^{-2}$
線量当量・線量		シーベルト	Sv	$J\ kg^{-1}$	$m^2\ s^{-2}$

出典：「理科年表（2023 年版）」国立天文台編，丸善．

*記号はよく使われるものを記した．このほかのものが使われることもある．

ギリシャ文字一覧

ギリシャ文字 大文字	小文字	対応するアルファベット [*1]	読み方 [*2]	変数としての主な使い方 [*3]
A	α	a	アルファ	
B	β	b	ベータ	
Γ	γ	g	ガンマ	
Δ	δ	d	デルタ	
E	ε	e	イプシロン	エネルギー，誘電率
Z	ζ	z	ゼータ，ツェータ	
H	η	h	イータ，エータ	
Θ	θ	(q)	シータ	角度，温度
I	ι	i	イオタ	
K	κ	k	カッパ	
Λ	λ	l	ラムダ	長さ，波長
M	μ	m	ミュー	10^{-6} としての係数，質量
N	ν	n	ニュー	周波数
Ξ	ξ	x	グザイ，クサイ	座標
O	o	o	オミクロン	
Π	π	p	パイ	円周率
P	ρ	r	ロー	体積密度，半径，電気抵抗率
Σ	σ	s	シグマ	面密度，電気伝導率
T	τ	t	タウ	時間
Y	υ	u	ウプシロン	
Φ	φ	f	ファイ	角度
X	χ	(c)	カイ	感受率
Ψ	ψ	(y)	プサイ	波動関数
Ω	ω	w	オメガ	角速度，角振動数

*1　ただし，q, c, y は便宜的な割当.

*2　ただし，これは日本語風になまった読み方.

*3　これ以外にも，場合に応じて様々な使われ方をするので注意する. 一般に，t と τ が共に時間に使われるように，アルファベットの変数と同じように使われる.

10 の整数乗を表す接頭語

10^2, 10^1, 10^{-1}, 10^{-2} を除いて，3 の倍数乗に名前が付いている．

記号（名称）	係数	記号（名称）	係数
da（デカ）	10^1	d（デシ）	10^{-1}
h（ヘクト）	10^2	c（センチ）	10^{-2}
k（キロ）	10^3	m（ミリ）	10^{-3}
M（メガ）	10^6	μ（マイクロ）	10^{-6}
G（ギガ）	10^9	n（ナノ）	10^{-9}
T（テラ）	10^{12}	p（ピコ）	10^{-12}
P（ペタ）	10^{15}	f（フェムト）	10^{-15}
E（エクサ）	10^{18}	a（アト）	10^{-18}

例：　$1\,\mathrm{mA} = 1 \times 10^{-3}\,\mathrm{A}$

　　　$1\,\mu\mathrm{A} = 1 \times 10^{-6}\,\mathrm{A}$

　　　$1\,\mathrm{k\Omega} = 1 \times 10^3\,\Omega$

　　　$1\,\mathrm{nm} = 1 \times 10^{-9}\,\mathrm{m}$

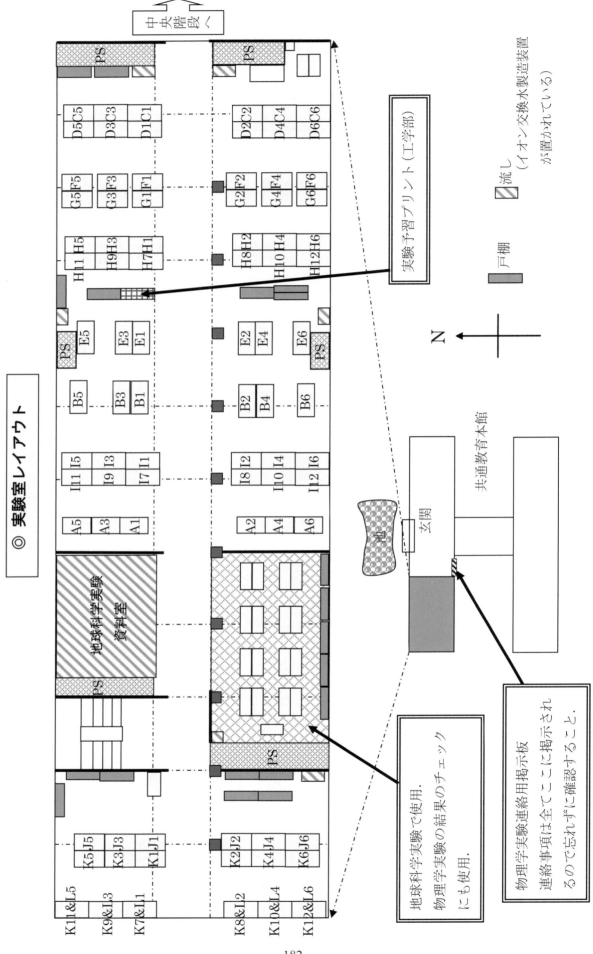

◎ 実験室レイアウト

中央階段へ

実験予習プリント（工学部）

地球科学実験で使用。
物理学実験の結果のチェック
にも使用。

物理学実験連絡用掲示板
連絡事項は全てここに掲示され
るので忘れずに確認すること。

N

戸棚

流し
（イオン交換水製造装置
が置かれている）

地球科学実験
資料室

共通教育本館

玄関

182

安全の心得

　共通教育物理学実験は大きい危険を伴うものはありませんが，それでも予期しない事故が起こることがあります．実験を行う時は，事故が起こらないように日ごろより安全対策を心がけるとともに，もし事故が起きても被害を最小限に抑えることができるように日ごろから備えておくことが必要です．

１．服装
　なるべく肌を露出しない動きやすい服装で，袖などが垂れ下がったりしないものが適している．化学実験のように薬品が服に付着する可能性がある場合は専用の実験衣を着用する．靴は運動靴のように滑りにくく動きやすいものがよい．踵の高い靴やサンダルなど足が露出する靴は避ける．

２．整理整頓と実験の後始末
　実験室内は常に整理整頓を心がける．電気などの後始末を忘れない．

３．緊急時の対応
（火災）
　火災を発見したら，直ちに近くの人に「火事だ！」と大声で知らせる．発見者本人あるいは近くの人が教員に知らせる．教員がすぐに見つからなかった場合は近くの火災報知器のボタンを押す．火源が小規模で，消火活動を行っても確実に避難できる場合には，消火器などを用いて初期消火を行う．数十秒で消火できなければ直ちに避難する．
（地震）
　地震を感じたら電気器具のコンセントをすべて抜く．火災が発生していないようであればあわてて外に飛び出さず，丈夫な机などに身を寄せる．

４．緊急時の避難
　日ごろから避難路を確認しておく．煙が充満しているときは，ハンカチ等を口に当て，低い姿勢で避難する．防火シャッターが閉まっている場合は，その脇またはその一部につけられているくぐり戸から避難する．くぐり戸は開けたら必ず閉めておく．エレベータは使わない．

5．電気機器の取り扱い

　電気災害の主な原因は，感電，漏電，過熱である．

（感電の防止）

- 濡れた手で電気器具に触れない．
- 電気器具やプラグを触る場合は，必ずコンセントからプラグを抜く．
- 誤って電気器具周辺で水などをこぼしてしまった場合は，電気器具の電源を直ちに切る．水などが十分に乾燥するまでは電気器具の電源を入れない．

（漏電に対する注意）

- 電源部，回路，コンセントプラグの部分にほこりが溜まらないようにする．

（過熱に対する注意）

- 使用する機器の消費電力量，使用するコードやテーブルタップ類の電流容量に留意する．
- 高温を発生する機器の近くに可燃物を置かない．
- タコ足配線はしない．

（その他注意すべき点）

- 電気器具がショートしたりヒューズが飛んだりした場合はその原因を慎重に調べる．
- 停電した場合は，直ちにすべての電気器具の電源を切る．

6．ガラス器具類の取り扱い

- ガラス器具に無理な力を掛けない．
- ガラス器具が破損した場合，素手で触るときは手などを切らないように注意する．破片が床や机の上に飛び散った場合は，怪我をしないように慎重に掃除をする．
- ガラスは急激な温度変化や局部的な温度差によって容易に壊れるので注意する．
- 切り傷などを負った場合，一刻も早く流水で洗い，止血をしてから保健管理センターに行く．

7．高温装置の取り扱い

　蒸気発生器や電熱器などの高温装置の近くに引火性のあるものや燃えやすいものを置かない．蒸気による火傷に注意する．高温部を直接触らない．火傷をした場合は，流水で冷やし，その後，保健管理センターに行く．

著者紹介

山口大学 共通教育
「物理学実験」テキスト編集グループ

朝日　孝尚	藤澤　健太
笠野　裕修	藤原　哲也
岸本　祐子	堀川　裕加
繁岡　透	増山　和子
新沼　浩太郎	増山　博行
野崎　浩二	元木　業人

基礎物理学実験　＜第 8 版＞

2009 年 4 月 1 日　　初版発行	著者代表　Ⓒ　新　沼　浩太郎	
2023 年 4 月 1 日　　第 8 版発行	発 行 者　　鳥　飼　正　樹	
	印　　　刷	(株) 三 美 印 刷
	製　　　本	

発行所　株式会社　東京教学社

東京都文京区小石川 3－10－5
郵便番号　112-0002
電話　03 (3868) 2405 （代表）
FAX　03 (3868) 0673
http://www.tokyokyogakusha.com/

ISBN978-4-8082-2090-7

物理学実験日程表

週	日付	実験テーマ	実験記号	担当教員サイン
1	年　　月　　日	オリエンテーション		
2	年　　月　　日			
3	年　　月　　日			
4	年　　月　　日			
5	年　　月　　日			
6	年　　月　　日			
7	年　　月　　日			
8	年　　月　　日			
9	年　　月　　日			
10	年　　月　　日			
11	年　　月　　日			
12	年　　月　　日			
13	年　　月　　日			
14	年　　月　　日			
15	年　　月　　日			
16	年　　月　　日	総括		

学部		学科		学籍番号		氏名	